Studienskripten zur Soziologie

20 E.K.Scheuch/Th.Kutsch, Grundbegriffe der Soziologie
   Band 1 Grundlegung und Elementare Phänomene
   2. Auflage, 376 Seiten, DM 16,80

21 E.K.Scheuch, Grundbegriffe der Soziologie
   Band 2 Komplexe Phänomene und
   Systemtheoretische Konzeptionen
   In Vorbereitung

22 H.Benninghaus, Deskriptive Statistik
   (Statistik für Soziologen, Bd. 1)
   3. Auflage, 280 Seiten, DM 16,80

23 H.Sahner, Schließende Statistik
   (Statistik für Soziologen, Bd. 2)
   188 Seiten, DM 10,80

24 G.Arminger, Faktorenanalyse
   (Statistik für Soziologen, Bd. 3)
   198 Seiten, DM 12,80

25 H.Renn, Nichtparametrische Statistik
   Statistik für Soziologen, Bd. 4)
   138 Seiten, DM 9,80

26 K.Allerbeck, Datenverarbeitung in der
   empirischen Sozialforschung
   Eine Einführung für Nichtprogrammierer
   187 Seiten, DM 10,80

27 W.Bungard/H.E.Lück, Forschungsartefakte
   und nicht-reaktive Meßverfahren
   181 Seiten, DM 10,80

28 H.Esser/K.Klenovits/H.Zehnpfennig,
   Wissenschaftstheorie 1 Grundlagen
   und Analytische Wissenschaftstheorie
   285 Seiten, DM 16,80

29 H.Esser/K.Klenovits/H.Zehnpfennig,
   Wissenschaftstheorie 2 Funktionalanalyse
   und hermeneutisch-dialektische Ansätze
   261 Seiten, DM 15,80

30 H.v.Alemann, Der Forschungsprozeß
   Eine Einführung in die Praxis der
   empirischen Sozialforschung
   351 Seiten, DM 16,80

Fortsetzung auf der 3. Umschlagseite

Zu diesem Buch

Talcott Parsons' erstes "großes Buch" - *The Structure of Social Action* - erschien 1937, sein letztes, überaus wichtiges, "pièce de résistance" - *A Paradigm of the Human Condition* - 1978. Dazwischen liegen rund vierzig Jahre überaus intensiver wissenschaftlicher Arbeit, deren Ergebnisse Parsons zu dem bedeutendsten Soziologen dieses Jahrhunderts gemacht haben.

Wie kann der Inhalt dieses gewaltigen Werkes in einer Einführung auf zweihundert Seiten wiedergegeben werden ? Diese Aufgabe ist leider unlösbar. Es kann nur ganz bescheiden versucht werden, auf einige Schwerpunkte im Werk Parsons' aufmerksam zu machen sowie eine Reihe von Konzepten herauszuarbeiten, mit denen sich der Leser bei Parsons immer wieder auseinandersetzen muß.

Die wichtigsten Stichpunkte des Bandes werden zunächst durch die "Fundamentierungsphase" bezeichnet, in der Parsons die Grundlagen seiner späteren Arbeit vorbereitete, dann durch eine Reihe von methodologischen Problemen (Systembegriff, Erleben/Handeln, Pattern-Variablen, Achsen der Differenzierung), dann durch eine Erörterung der zentralen Konzepte "Handeln" und "Sozialsysteme" sowie schließlich durch eine Einführung in die Konzeption der Interaktionsmedien.

An wen wendet sich dieser Band ? In erster Linie ist er eine Einführung für Studenten. Er enthält jedoch darüber hinaus eine Reihe von Argumenten zu schwierigen Begriffsproblemen, die auch für die "Kenner" Parsons' interessant sein könnten.

Studienskripten zur Soziologie

Herausgeber: Prof. Dr. Erwin K. Scheuch
            Dr. Heinz Sahner

Teubner Studienskripten zur Soziologie sind als in
sich abgeschlossene Bausteine für das Grund- und
Hauptstudium konzipiert. Sie umfassen sowohl Bände
zu den Methoden der empirischen Sozialforschung,
Darstellungen der Grundlagen der Soziologie, als
auch Arbeiten zu sogenannten Bindestrich-Soziologien,
in denen verschiedene theoretische Ansätze, die Entwicklung eines Themas und wichtige empirische Studien
und Ergebnisse dargestellt und diskutiert werden.
Diese Studienskripten sind in erster Linie für An-
fangssemester gedacht, sollen aber auch dem Examens-
kandidaten und dem Praktiker eine rasch zugängliche
Informationsquelle sein.

Talcott Parsons
Eine Einführung

Von Dr. rer. pol. Stefan Jensen, Berlin

Springer Fachmedien Wiesbaden GmbH 1980

Dr. rer. pol. Stefan Jensen

1940 in Berlin geboren. Studium der Wirt-
schaftswissenschaften, Soziologie und
Philosophie an der Freien Universität Berlin;
1969 Promotion. Anschließend Lehraufträge an
der Freien Universität und der Technischen
Universität Berlin; wiss. Mitarbeiter am
Max-Planck-Institut für Bildungsforschung,
Berlin.

CIP-Kurztitelaufnahme der Deutschen Bibliothek

Jensen, Stefan:
Talcott Parsons: e. Einf. / von Stefan Jensen. -

ISBN 978-3-519-00048-8   ISBN 978-3-663-05797-0 (eBook)
DOI 10.1007/978-3-663-05797-0

© Springer Fachmedien Wiesbaden 1980
Ursprünglich erschienen bei B.G. Teubner, Stuttgart 1980
Binderei: Clemens Maier KG, Leinfelden-Echterdingen 2
Umschlaggestaltung: W. Koch, Sindelfingen

<u>Vorwort</u>

Dieses Buch soll einen ersten Überblick über die Theorien Talcott Parsons' verschaffen. (Dieser Band stellt also eine Ergän-
zung der beiden früheren Einführungstexte des Verfassers dar;
vgl. JENSEN 1976 und 1980.) Diese bescheidene Zielsetzung und
der geringe Umfang dieses Bandes schränken die Auseinandersetzung mit Parsons von vornherein auf eine Wiedergabe derjenigen
Theorie-Elemente ein, die der Verfasser für die wichtigsten
hält. Betrachtet man den beeindruckenden Umfang von Parsons'
Werk, so liegt in dieser Zielsetzung und der Kapazität dieses
Buches eine sehr tiefgreifende Einschränkung, über die sich
jeder Leser klar sein muß.

Talcott Parsons wurde 1902 in Colorado geboren; er starb 1978
in München. Dazwischen liegt eine kontinuierliche wissenschaftliche Arbeit über einen Zeitraum von 40 Jahren hinweg, die im
Jahre 1938 mit dem ersten großen Werk über die <u>Structure of Social Action</u> eröffnet wurde und 1978 mit dem letzten großen Essay über die "Human Condition" endete. Die bibliographischen
Nachweise am Ende des letzten Essay-Bandes, <u>Action Theory and
the Human Condition</u>, umfassen mehr als 200 Veröffentlichungen.
Bei genauer Betrachtung zeigen sich darin zahlreiche Wiederho-
lungen und Nachdrucke; auch handelt es sich nur bei einem Teil
der Veröffentlichungen um Buchpublikationen, während die Mehr-
zahl von Zeitschriftenartikeln oder anderen kürzeren Beiträgen
gebildet wird. Dennoch dürfte es nur wenige Wissenschaftler geben, die eine solche kontinuierliche Folge von Arbeiten publi-
ziert haben wie Parsons und die darin in derselben stetigen
Weise ein umfassendes Theoriegebäude konstruiert haben.

Man muß also zunächst feststellen, daß eine der Hauptschwierig-
keiten, sich mit den Ideen Parsons' vertraut zu machen, aus
dem großen Umfang seiner Arbeiten resultiert. Dieser Umfang
ist seinerseits in den umfassenden wissenschaftlichen Interessen Parsons' begründet: Parsons' ursprüngliche Interessen

lagen im Bereich der Medizin und der Biologie, nach dem ersten
Examen (mit einem Thema aus dem Bereich der Biologie) wandte
sich Parsons jedoch der Wirtschaftstheorie zu. Mit dem Wechsel
des Studienortes nach London verlagerte Parsons sein Interesse
dann zur Anthropologie und Soziologie. Ein Stipendium führte
ihn nach Heidelberg, wo er sehr stark von den Ideen (des einige Jahre zuvor verstorbenen) Max Webers beeinflußt wurde. Parsons beendete schließlich sein Studium in Amherst mit einer Arbeit über den Kapitalismusbegriff bei Sombart und Weber. Dann
ging Parsons nach Harvard, zunächst in die ökonomische Abteilung, vier Jahre später in die neugegründete soziologische Abteilung. Neben dieser ausführlichen Beschäftigung mit seinen
eigentlichen Fachgebieten Soziologie und Ökonomie erwarb Parsons in diesen Jahren umfangreiche Philosophie-Kenntnisse,
blieb in Kontakt mit den Entwicklungen in der Biologie, vertiefte sich in die Psychoanalyse (er schloß sogar einen Kurs
mit der Befähigung zur psychotherapeutischen Behandlung ab,
ohne natürlich - als Nicht-Mediziner - praktizieren zu dürfen), und er trug ganz wesentlich zur Begründung der Systemtheorie in den Verhaltenswissenschaften bei.

Wie läßt sich nun in diesem Einführungsband in die Theorien
Parsons' dieses Problem lösen, den Inhalt eines riesigen Theo-
riewerkes, einer lebenslangen Arbeit, auf zweihundert Seiten
wiederzugeben ? Vernünftigerweise kann die Antwort nur lauten:
Dieses Problem läßt sich überhaupt nicht lösen ! Man kann lediglich versuchen, gewisse Aspekte so zu generalisieren und zu
systematisieren, daß der Leser eine - freilich sehr grobe -
Orientierung über folgende zwei Dimensionen erhält:

- Welche Probleme nimmt Parsons in Angriff und in welcher
  Weise versucht er, sie zu lösen;

- wie haben sich diese Vorstellungen bei Parsons selbst
  entwickelt ?

Im Folgenden wird zunächst in aller Kürze versucht, einige Aspekte zu dem zweiten Problemkreis zusammenzustellen. Dabei wird gesagt, daß sich in Parsons Werk drei Hauptphasen unterscheiden lassen, die in etwa mit seinen frühen Arbeiten zur Sozialtheorie bis einschließlich seiner Veröffentlichung über die <u>Structure of Social Action</u> als der ersten Phase, mit den Arbeiten über die Theorie der Sozialsysteme als der zweiten Phase und allen folgenden Arbeiten als der dritten Phase zusammenfallen.

In den anschließenden Teilen des Buches werden zwei Komplexe im Vordergrund der erklärenden Systematisierungsversuche stehen - einmal der Begriff der "Sozialsysteme" sowie das Konzept der "symbolischen Interaktions-Medien". Während die Systemtheorie mittlerweile weitgehend in ihren Grundzügen als bekannt und in ihrer Konzeption als akzeptiert gelten kann, stellt die Theorie der Interaktions-Medien noch weitgehend theoretisches Neuland dar, das erheblicher Forschungsanstrengungen bedarf, ehe sich überhaupt klären läßt, ob und welche Erträge hier möglich sein werden.

Niemand, der die folgenden zweihundert Seiten gelesen hat, möge sich der Hoffnung hingeben, auf dieser Basis die Wege Parsons' verstanden zu haben und ihnen folgen zu können. Parsons' Werk ist ein Labyrinth; ein Colosseum von Begriffen und Konzepten, das vermutlich dazu verurteilt ist, als gigantische Geistesruine am Wege der Geschichte zurückzubleiben. Der folgende Einführungstext ist nur eine Beschreibung. Wer zu Parsons will, muß sich in das Labyrinth selbst wagen.

Berlin, Juli 1980   Stefan Jensen

INHALTSVERZEICHNIS

E I N L E I T U N G

Wie bereits angedeutet, lassen sich in Parsons' Werk drei
Hauptphasen unterscheiden: eine _erste_ Phase, in der es ihm um
die Ausarbeitung seiner Konvergenzthese ging; eine _zweite_ Phase, in der die Theorie der _Sozialsysteme_ konzipiert und als
paradigmatisches Modell der gesamten Handlungstheorie dargestellt wurde; und eine _dritte_ Phase, in der vor allem die Theorie der _Interaktions-Medien_ entwickelt wurde. Der Haupttext
wird sich vor allem mit der _zweiten_ und _dritten_ Phase beschäftigen. Dagegen kann die erste Phase als Grundlagen- oder _Fun-
damentierungs_-Phase betrachtet werden, der sich daher diese
Einleitung zuwendet.

1. Zunächst einige biographische Notizen:

Parsons wurde 1902 in Colorado geboren. Sein Vater war
Pfarrer einer Denomination, Professor für Englisch und später
Dekan sowie Präsident eines College. Von 1920 bis 1924 be-
suchte Parsons das Amherst-College, das er auf der "under-
graduate" Stufe mit einer Arbeit in Biologie abschloß ("major"),
um sich dann den Wirtschaftswissenschaften zuzuwenden. Ein On-
kel finanzierte ihm die Möglichkeit, an die London School of
Economics zu gehen, wo zu dieser Zeit Hobhouse, Ginsberg und
vor allem Malinowski lehrten. Anschließend studierte Parsons
aufgrund eines Stipendiums von 1925-1926 in Heidelberg. Von
Deutschland aus kehrte er nach Amherst zurück und schrieb dort
seine Doktorarbeit ("Capitalism" in Recent German Literature:
Sombart and Weber). 1927 ging er nach Harvard und lehrte dort
Wirtschaftstheorie. Im Jahre 1929 wurde in Harvard das Department of Sociology gegründet, im Sommer 1930 wurde Pitrim A.
Sorokin mit seiner Leitung beauftragt, und 1931 wurde es offi-
ziell eingeweiht. Parsons wurde an diese Abteilung berufen,
wenn auch - aufgrund gewisser Animositäten - nicht von Sorokin
selbst, sondern von anderen Mitgliedern des Departement.

Parsons selbst schreibt dazu:

> "I had the misfortune of serving under unsympathetic
> chairmen - in economics the late H. H. Burbank, in so-
> ciology P. A. Sorokin. My promotion to an assistant
> professorship occurred in 1936 and was pushed not by
> Sorokin but, notably, by E. F. Gay, E. B. Wilson, and
> Henderson, all of whom were "outside members" of the
> Department of Sociology. The first draft of the <u>Struc-
> ture of Social Action</u> was in existence by then, and
> known to all the principals."
> ("On Building Social System Theory: A Personal Histo-
> ry", in SS/AT: 29; das Literatur- und Abkürzungsver-
> zeichnis befindet sich am Ende des Bandes).

Alvin Gouldner hat beredt geschildert, wie die sozialpsycholo-
gische Situation dieser Jahre zu beurteilen ist; insbesondere
hat er betont, welche Wirkung Harvard mit seinem "Olymp-Kom-
plex" und die Tatsache der Berufung in das neugegründete Department auf einen nicht unempfänglichen Geist ausgeübt haben
müssen (GOULDNER 1974: 217 ff).

Die erste Phase von Parsons' Arbeiten, die hier als "Fundamen-
tierungs-Phase" bezeichnet wird, ist also gekennzeichnet durch
den Abschluß seiner Ausbildung (nicht nur in den USA - in Amherst und Harvard -, sondern vor allem auch in Europa: die beiden Studienjahre in London und Heidelberg). Sie ist weiterhin
gekennzeichnet durch die überwiegende Beschäftigung mit ökonomischen Problemen und die dann allmählich einsetzende Verlagerung der Interessen in den soziologischen Bereich, die auch
äußerlich durch die Berufung Parsons' an das neugegründete
soziologische Department der Harvard University dokumentiert
wird.

2. Betrachtet man diese Umstände zusammen mit Parsons' Publikationen bis zum Jahre 1940, so läßt sich folgende Zusammenfassung geben: Parsons' sozialwissenschaftliche Interessen wurden auf einen bestimmten Komplex von Problemen gelenkt, die am schärfsten in dem Begriff der "Kapitalismus-Debatte" zum Ausdruck kommen. Sich auf diese Kapitalismus-Debatte einzulassen, setzte voraus und erforderte, eine große Zahl von einzelnen Problemen anzupacken: Ökonomische Voraussetzungen, historische Determinanten, politische Faktoren, kulturelle Wertvorstellungen, philosophische und erkenntnistheoretische Postulate, usw. Mit diesen Faktoren hat sich eine ganze Reihe von Wissenschaftlern auseinandergesetzt; allerdings nur wenige mit der Intensität und wissenschaftlichen Fruchtbarkeit wie Parsons (was von vielen Kritikern übersehen worden ist).

Dabei sind vor allem zwei Merkmale hervorzuheben: Einmal der Umstand, daß Parsons weder den aggressiv-kritischen Standpunkt von Karl Marx in der politischen Dimension noch den kulturpessimistischen Standpunkt von Max Weber in der geschichtlichen Dimension teilte; zum anderen, daß Parsons seine Theorie der okzidentalen Industriegesellschaften nach anfänglichem Zögern vor evolutionären Erklärungsmodellen (" *Spencer is dead* ") dann doch im Rahmen eines kultur-determinierten soziologischen Evolutionsparadigmas formulierte. Beide Punkte sind genauer zu belegen:

Parsons hat - soweit sich das aus seinen frühen Veröffentlichungen rekonstruieren läßt - die Schriften von Marx nicht gelesen; seine Rezeption des Marxismus erfolgt auf dem Umweg über die Kritik am Marxismus innerhalb Deutschlands, genauer durch Sombart und Weber. Die Auseinandersetzung, die Parsons mit dem Marxismus führt, ist also eine Auseinandersetzung mit dem Argumentationszusammenhang der deutschen Diskussion der zwanziger (und früheren) Jahre. Hinzu kommt ein zweiter Faktor, der auf Parsons aus der amerikanischen Situation einwirkt: Auch in Amerika gab es bekanntermaßen eine Diskussion über den Marxismus, die stark von ideologischen Argumenten bestimmt war; in dieser Diskussion ging es im Kern darum, sowohl die wissenschaftliche Legitimation als auch die politische Wirksamkeit des Marxismus zu bekämpfen. ("Marx hat Amerika nie erreicht", bemerkt - überspitzt ? - DAHRENDORF 1968: 128).

Auf Parsons wirkten also zwei verschiedenartige, jedoch - insbesondere in den USA, aber auch in Westeuropa - sich unentwirrbar vermischende Anti-Marxismus-Argumente: die wissenschaftliche Kritik einerseits, die ideologisch-politische Abwehrhaltung andererseits. Es ist insbesondere von Alvin Gouldner herausgearbeitet worden, daß dieser Anti-Marxismus-Affekt in einer der konservativen akademischen Hochburgen wie Harvard besonders stark ausgeprägt sein mußte, so daß es starke emotionale und ideologische Motive gab, dem Marxismus mit einer kritischen Haltung und einem eigenständigen Gesellschaftskonzept entgegenzutreten. Parsons' akademischer Erfolg in Harvard dürfte nicht zuletzt darauf beruhen, daß ihm dies gelang. Wichtiger als dieser - wissenschaftlich gesehen: "äußerliche" - Faktor ist jedoch die "innere" Gestaltung des Gesellschaftskonzeptes, das Parsons auf der Basis dieser (vorgefunden, ihm quasi vorgegebenen) Anti-Marxismus-Haltung entwickelte. Dabei ist, wie nunmehr klar sein sollte, Parsons' Gesellschaftskonzept weniger im Sinne einer (eigenen) Kritik an Marx (bzw. am Marxismus) als vielmehr im Sinne einer kritischen Auseinandersetzung mit gewissen Elementen der Kapitalismus-Debatte insgesamt - wie sie vor allem von Sombart und Weber geführt wurde - zu verstehen, durch deren Rezeption zugleich gewisse Gedanken von Marx mit aufgenommen wurden (wobei deren Ablehnung sozusagen eine vorgegebene Prämisse war).

Aus der amerikanischen Tradition heraus sah Parsons in dieser Auseinandersetzung mit der europäischen Kapitalismus-Debatte eine Chance zur Überwindung ihrer negativen Konsequenzen in einer Haltung, die den historischen Determinismus der materialistischen Gesellschaftsauffassung ebensowenig akzeptierte wie

die pessimistische Kulturphilosophie des spätbürgerlichen Idealismus, der seine Ideale durch die entfesselten ökonomischen
Kräfte korrumpiert fand. Es ist daher verfehlt, die Parsons-
Kritik - wie dies häufig geschieht - auf dem Boden der europäischen Sozialphilosophie zu begründen und von dieser Basis
aus Parsons' Theorie als "mittelständisch-konservatives Be-
wahrungsdenken" einzustufen - ein Fehler, in den (trotz vor-
sichtiger Abschwächungen) selbst ein amerikanischer Kritiker
wie Gouldner verfällt. Parsons kann nicht vom Standpunkt der
europäischen Soziologie aus verstanden werden, sondern nur
aus der amerikanischen Tradition.

Die meisten Darstellungen der Parsons'schen Soziologie haben
sich davon irreleiten lassen, daß Parsons an eine Reihe von
europäischen Soziologen anknüpft (zunächst an Sombart/Weber,
dann an Marshall, Pareto, Durkheim und Weber) und aus ihren
Schriften eine Entwicklung herausliest, die er als "Konvergenzthese" formuliert. Man muß jedoch deutlich sagen, daß
nicht die hermeneutische Auslegung zur Konvergenzthese führt,
sondern umgekehrt: die These der Konvergenz zu einer bestimmten Auslegung der Schriften der "großen Europäer". Diese Arbeiten liefern Parsons das geistige Baumaterial einer gigan-
tischen Synthese des soziologischen Denkens. Die <u>Structure of
Social Action</u> ist dabei zugleich sowohl der Schlußstein einer
ersten Phase als auch die Plattform des ganzen folgenden Bauwerks. Man könnte vielleicht sagen, daß Parsons bis zu diesem
Punkt noch unsicher war, welche Gesamtkonzeption entstehen
würde, nach dem Abschluß der <u>Structure of Social Action</u> jedoch
lag der Entwurf des großen Bauwerks einer umfassenden Soziologie vor und mußte nun Schritt für Schritt in Angriff genommen werden.

Es wurde gesagt, daß man Parsons nicht auf dem Boden der europäischen Tradition verstehen kann - diese liefert nur eine große Zahl von Materialien, von Systemen des Denkens, von Prämissen und Ergebnissen, die Parsons als Bausteine vorfindet und

in sein Werk einfügt. Um den Entwurf, den Parsons verfolgt, zu
verstehen, muß man die amerikanische Geistesgeschichte vor Augen haben. Diese freilich entwickelt sich in einer engen Auseinandersetzung mit den großen europäischen Strömungen - aber
diesen Punkt anzuerkennen bedeutet zugleich, die amerikanische
Geistesgeschichte als eigenständige Kraft zu sehen, die die in
sie einmündenden Strömungen aufnimmt und umformt.

Will man Parsons' Theoriebildung verstehen, so muß man erkennen, daß Parsons auf einem Hintergrund von Selbstverständlichkeiten begann: der Selbstverständlichkeit, an den großen europäischen Quellen zu studieren, so, wie es das Ideal aller amerikanischen Gelehrten gewesen war, wie es in Harvard vor allem
durch William James geprägt war; der Selbstverständlichkeit,
daß man in großen Systemen denken müsse; der Selbstverständlichkeit, daß soziale Psychologie für die soziologische Theorie notwendig sei, aber weder in die Sackgasse einer reinen
Sozialpsychologie noch gar zum Reduktionismus führen dürfe;
der Selbstverständlichkeit, daß die großen Themen der Soziologie von der europäischen Tradition vorgegeben waren und
schließlich der Selbstverständlichkeit, daß der Funktionalismus die überzeugende Methode der Theoriebildung darstelle.
Diese "Selbstverständlichkeiten" sind kurz zu beleuchten.

3. Beginnen wir mit einer Erinnerung an die amerikanische
Philosophie - an Jefferson und Franklin, die großen bürger-
lichen Aufklärer Amerikas. Ihnen folgte, mit dem allmählichen
Nachlassen des revolutionär-aufklärerischen Geistes, eine ro-
mantische Bewegung, die später als "Transzendentalismus" be-
zeichnet wurde, verbunden vor allem mit dem Namen Emersons.
Die amerikanischen Romantiker hatten eine enge Verbindung mit
Europa - mit Woodsworth, Shelley, Carlyle, Fourier, Goethe,
Kant und Fichte. Die Beschäftigung mit den Deutschen, vor allem
Kant, schuf die Basis für den nachfolgenden großen Einfluß
Hegels in Amerika, vor allem in Harvard, wo der berühmteste
und einflußreichste Hegelianer, Josiah Royce, dreißig Jahre
lang - bis 1916 - lehrte.

Dies war ganz allgemein die Basis, auf der sich dann die amerikanische Geistes- und Sozialwissenschaften entwickelten - in der Auseinandersetzung mit der Tradition der Aufklärung, dem Einbruch des Transzendentalismus (samt seinen anti-aufklärerischen und romantischen Affekten) und in der Auseinandersetzung mit dem deutschen Idealismus, vor allem Hegel (als dem großen Hindernis auf dem Wege zu einer rationalen empirischen Forschung).

Peirce, James und Dewey begründeten die überaus mächtige philosophische Bewegung des amerikanischen Pragmatismus, die von größter Relevanz für die sich entfaltende Soziologie in den Arbeiten von Baldwin, Cooley, Mead und Thomas war - also vor allem in der Strömung der interaktionistischen Sozialpsychologie - eine Linie, die einerseits eine empirische Basis suchte, andererseits aber auch eine bewußte metaphysische Überhöhung in Anspruch nahm. Bei einem Studium der Quellen der modernen amerikanischen Soziologie darf man, neben der sehr deutlich ausgeprägten Entwicklungslinie einer empirisch orientierten Soziologie, nicht die sehr viel längere philosophisch-metaphysische Tradition übersehen, die auch in der Theoriebildung des Pragmatismus enthalten ist und dann in der Verschmelzung von Pragmatismus und Behaviorismus sowie der zunehmend empirisch-methodischen Orientierung der berühmten "Chicagoer Schule" die moderne amerikanische Soziologie geschaffen hat.

Ludwig MARCUSE (1959: 27) hat sicherlich zu Recht darauf hingewiesen, daß das, "was bis zu diesem Tage in Amerika und Europa als Pragmatismus gefeiert und attackiert wird, ... nicht Peirces mächtiges Ideenbündel (ist), das nur Spezialisten bekannt ist; nicht einmal die glänzende und oft zu einfache oder gar schiefe Lehre des William James, die bis zu diesem Tage von Journalisten ausgeschlachtet wird - sondern die Wirkung des Pädagogen Dewey ...", wobei - wie man ergänzen kann - die besondere Relevanz, die Dewey für die amerikanische Soziologie gewann, nicht zuletzt darauf beruhte, daß er in Chicago lehrte und eng mit Mead verbunden war (vgl. HELLE 1977: 67 ff).

Im Jahre 1907 erschien die Vorlesungsreihe gedruckt, die
William James über den "Pragmatismus" gehalten hatte; zur
Zeit des Ersten Weltkrieges war der Pragmatismus eine welt-
weite Bewegung. Der Ursprung des Pragmatismus geht zurück
auf halb-private Treffen in den Räumen von Peirce und James
im "Metaphysiker-Club" in den siebziger Jahren (des 19. Jahrhunderts). Einer der Teilnehmer war übrigens John Fiske, der
später die Ideen Darwins und Spencers in Amerika verbreitete,
was nicht ohne Bedeutung für Parsons war.

Baldwin, Cooley und vor allem Mead bauten dann die interaktio-
nistische Sozialpsychologie aus, die im Pragmatismus James'
angelegt war. Diese "Williamcy-Fassung des Pragmatismus" (wie
sie Marcuse genannt hat), entfaltete auch in Harvard eine
mächtige Wirkung, wo James Student und Professor (über dreißig
Jahre hinweg) gewesen ist; Santayana (seine Entdeckung aus
Berlin) war dort einer seiner bedeutendsten Schüler. Dennoch
hat James' Philosophie ihre soziologische Wirkung nicht in
Harvard gehabt, sondern sich, auf dem Umweg über Deweys Lehre,
erst in Chicago in eine mächtige soziologische Lehre verwan-
delt, die von Mead durchdacht und von Blumer für die soziologische Wissenschaft durchgesetzt wurde. (Die Eigenheit Meads,
nichts zu veröffentlichen, hat dazu geführt, daß nicht seine
Kollegen, sondern erst seine Schüler diese Lehre aufnahmen -
W. I. Thomas beispielsweise war von Mead kaum berührt, obwohl
doch beide Kollegen derselben Universität waren).

Dewey lebte von 1859 bis 1954, bereits eine Legende zu seiner
Zeit. (Zu seinem Geburtstag im Jahre 1930 erschien eine Liste
seiner Veröffentlichungen - sie hatte eine Länge von hundert-
fünfundfünfzig Druckseiten!) Dewey war ein unermüdlicher Strei-
ter für bestimmte moralisch-philosophische Überzeugungen. Einer
der wichtigsten Punkte für unseren Zusammenhang ist seine Überzeugung, daß der Philosoph eine Verbundung schaffen müsse

zwischen der allgemeinen Philosophie (damit meinte er die zwei
Dimensionen einer moralischen Verantwortungsbewußtheit - *commitment* - sowie die des instrumentellen Denkens) mit den verschiedenen Bezirken der Wissenschaft, vor allem aber mit den Sozialwissenschaften. Gerade in dieser sah er den "Messias der Zukunft", das Mittel, das eine bessere Zukunft der Gesellschaft
bewirken würde. In der Forschung <u>selbst</u> sah er den "sozialen
Fortschritt" - nicht erst in ihren Folgen (und sie selbst
nicht als nur eine Vorbedingung).

Dieser schöne Optimismus hat auf die amerikanische Soziologie
gewiß einen starken Einfluß gehabt (nicht zuletzt auf Parsons).
Dewey rückte die <u>soziale</u> Funktion der Philosophie in den Mittelpunkt - nicht nur in seinem eigenen Denken, sondern in seinem gesamten (großen!) Einflußbereich. Mead begründete auf
dieser Basis eine eigenständige soziologische Lehre, aber
erst Herbert Blumer, der große Schüler Meads, der nach seinem
Tod die Vorlesungen fortsetzte, förderte seine Berühmtheit
unter Soziologen, und erst 1934 gab Charles W. Morris das berühmte <u>Mind, Self and Society</u> heraus. Darin ging es - in einer
ganz großen Vereinfachung - um die Einheit der subjektiven und
objektiven Faktoren im Prozeß der Vergesellschaftung. Schon
für Cooley waren der einzelne und die Gesellschaft untrennbar
- zwei Seiten einer Medaille. James und Baldwin hatten den
sozialen Ursprung des Selbst betont; Cooley schuf hieraus die
Vorstellung des "*looking-glass-self*" - der Identität, die sich
aus der Spiegelung des Ichs in der Gruppe bildet. Anselm Strauss
schließlich sprach von *Spiegeln und Masken*. Diese Konzentration auf Primärgruppenprozesse, die sich in der Theorie der
Interaktionisten und Sozialpsychologen abzeichnet, hatte eine
erhebliche Wirkung für die gesamte soziologische Theorie -
bis auf den heutigen Tag (HELLE: 1977, Kap. D).

Pragmatismus, Interaktionismus, psychologisch orientierte Sozialforschung und der sich entfaltende Empirismus hatten eine
bestimmte Folge - die Diskreditierung der "großen Theorie",

die die Gründerväter vertreten hatten. Dies hing zum Teil auch
mit der Kritik am Positivismus und den scholastischen Systemen
zusammen, dessen ideelle Basis ja der Glauben bildet, daß Wissen sich enzyklopädisch akkumulieren ließe - ein Relikt der
großen theologischen "Summen" der Scholastik. Dieser Glaube
ging in der Diskussion der zwanziger Jahre in den USA verlo-
ren, in dem Maße, wie auch hier die Trennung oder Einheit der
Wissenschaften problematisch und das Problem der Erkenntnis
metaphysisch vertieft wurde.

Während des Zweiten Weltkrieges setzte, unter dem Eindruck der
anhaltend großen moralischen Probleme der entstehenden Weltgesellschaft, die unter dem wirtschaftlichen Druck der Folgen
des Ersten Weltkrieges geboren worden war, eine heftige philosophische Diskussion ein, die zunehmend auch von kirchli-
chen Philosophen Amerikas - wie Niebuhr und Tillich - bestimmt
wurde. Verständlicherweise waren zahlreiche Argumente gegen
den Pragmatismus Deweys gerichtet, der mit dem allgemeineren
Begriff des "Positivismus" mit umfaßt wurde. Diese Diskussion
der vierziger Jahre dürfte den philosophischen Hintergrund
der Theoriebildung in den Sozialwissenschaften in erheblichem
Maße mitbestimmt haben, wie sich zumindest in einer Reihe von
Argumenten Parsons' andeutet. Das große Manifest der Harvard-
Sozialwissenschaftler (*Toward A General Theory of Action*) muß jedenfalls auch auf diesem Hintergrund gesehen werden.

Die einstigen Grundlagen der Wissenschaften weichten in dieser
kritischen Diskussion auf, und die Forschung in den sich empirisch verstehenden Disziplinen löste sich auf in eine Vielzahl
unkoordinierter Einzelprojekte, die kaum noch eine gemeinsame
Sprache verband. Vermutlich entstand aus dieser Entwicklung
bei vielen Wissenschaftlern die Sehnsucht nach einem neuen
großen System. Die Quellen dafür waren die europäische Soziologie und die naturwissenschaftlich orientierte Anthropologie,
genauer: von der Anthropologie kam die Methode - der Struktur-
funktionalismus -, von der europäischen Soziologie die Tradi-

tion der Themen, des weltumgreifenden Entwurfs. Dabei muß man
sich in Erinnerung rufen, daß Spencer und Comte in Europa insgesamt weitaus weniger Zustimmung fanden als in den USA; in
Europa führte das Studium ihrer Schriften eher zu einer grundsätzlichen Kritik an der Soziologie (man denke an Bergson und
Sorel), während die Tradition von Liberalismus und Aufklärung
aus ihrem Werk nach den USA strömte - die Ähnlichkeit der formalen Systembildung beispielsweise bei Comte und Parsons ist
weder gering noch zufällig. Umgekehrt fanden amerikanische Autoren, die diese Themen aufnahmen, ihre Leser eher in Europa
- so beispielsweise Henry George mit seinem Buch über *Progress
and Poverty (1879)*, dessen Thesen über Bodenknappheit und Agrar-
reform den Ideen der Agrarkommunisten Frankreichs, den Ricardo-
Schülern und anderen Sozialutopisten Europas viel näher lagen
als den Amerikanern. Ebenso könnte man an einen anderen Schrift-
steller erinnern, der in Amerika niemanden erreicht, wohl aber
Friedrich Engels beeinfluß hat: Lewis Henry Morgan, dessen
Ancient Society (1877) die Grundlage für den *Ursprung der
Familie (1884)* bildete ...

Die Ideen von Spencer und Comte, insbesondere ihre Vorstellung
der Nachzeichnung geschichtlicher Prozesse, fanden ihre Aufnahme (in den USA) vor allem bei Sumner und Ward. Ein dritter
wichtiger Soziologe, der als einer der bedeutenden Lehrer der
Zeit gelten muß, in der Parsons Schüler war, ist Albion Small,
dessen aktivistische Interpretation von Soziologie Parsons
später durchaus teilte.

Sumner (1840 bis 1910) läßt sich als Sozialdarwinist kennzeichnen, der die Linie Malthus-Darwin-Spencer vertrat und insbesondere viel zur Rezeption von Spencer beitrug. Seine funktionalistische Interpretation der Kultur, die Betonung von *folkeways
and mores* , die eine integrative Kraft bilden, die der Mensch
verstärken, gegen die er aber sinnvollerweise nicht ankämpfen
soll, ist - gerade in Hinblick auf Parsons - sehr bemerkenswert. Auch auf das Buch eines Sumner-Schülers, A. G. Kellers

Societal Evolution (1915), darf man in diesem Zusammenhang besonders hinweisen, weil hier Kultur - ganz im Sinne der Linie,
die Parsons später so nachdrücklich verfolgt - als beständiger
Anpassungs- und Entwicklungsprozeß dargestellt wird. Sumner
selbst steht in vielerlei Hinsicht in der Tradition sowohl
Ricardos als auch der schottischen Moralphilosophie Fergusons,
die sich später auch in dem Werk Parsons' deutlich abzeichnet,
mindestens in den frühen Arbeiten.

Als zweiten wichtigen Soziologen haben wir den Namen Lester
Frank Ward genannt (1847 bis 1913), der vor allem die Bedeutung sozialer Strukturen als dem entscheidenden gesellschaftlichen Muster herausgearbeitet hat - ein ganz wichtiges Par-
sons-Thema. Ward war einer der großen Anhänger Comtes, dessen
Ideen der Planung er in ein amerikanisches Modell der Gesellschaft übersetzte.

Albion Small schließlich (1854 bis 1926) wies der Wissenschaft
eine überaus wichtige Rolle in der Evolution von Gesellschaft
zu - die Entwicklung der modernen Gesellschaft strebe vom Kon-
flikt zur Harmonie, weil die zahlreichen Interessen im modernen, wissenschaftsgeleiteten Staat zu einer harmonischen Ge-
samtstruktur evolvieren müßten. Diese optimistische Einstellung
Smalls ging einher mit einer intensiven Arbeit an Problemen
der Wissenschaftsorganisation; Small (der übrigens auch in
Berlin studiert hatte) gründete 1895 das <u>American Journal of
Sociology</u>, war 1905 einer der wesentlichen Mitbegründer der
Amerikanischen Soziologischen Gesellschaft und leitete über
dreißig Jahre hinweg das Department of Sociology an der Universität von Chicago, deren überragende Bedeutung in dieser
Zeit schon betont wurde.

Ebenso müßte man schließlich den Namen von F. H. Giddings nennen, der viel zur Rezeption von Comte, Spencer, Tarde und
Durkheim beitrug, aber auch Quetelet, Galton und Pearson und
Watson - also die Vertreter der statistischen Erfassung sozialer Tatbestände - berücksichtigte. Soziologie war aller-

dings für Giddings im wesentlichen eine "Psychologie der Gesellschaft" - was sehr wenig vom Geist Durkheims verrät. In diesem
Zusammenhang muß man an die große Diskussion in den USA darüber erinnern, ob "Natur oder Kultur das Wesen des Menschen bestimmen", und man kann Parsons' zahlreiche Abwehrbemerkungen
gegen den "Reduktionismus" nur dann wirklich verstehen, wenn
man den konsequenten Reduktionismus nicht nur Giddings, sondern
vor allem William McDougalls (1871 bis 1938) vor Augen hat,
dessen *Introduction to Social Psychology* von 1908 bis 1967 die be-
achtliche Zahl von 14 Auflagen und damit eine enorm große Wirkung hatte. Dougalls Theorie stützt sich ganz wesentlich auf
Instinkte als die eigentlichen Triebfedern des Handelns - eine
Interpretation, deren Einseitigkeit Parsons stets mit großer
Energie widersprochen hat. Zum Erklärungswert der Instinkt-
theorie bemerkt JONAS (1969: 110 f):

> "Die Problematik dieser und ähnlicher Erklärungen
> wurde jedoch von Bernard aufgedeckt, der 1924 ein
> Buch mit dem Titel: *Instincts - A Study in Social Psy-
> chology* veröffentlichte. Hier stellte er fest, er
> habe bei Durchsicht von zweitausend zu diesem Thema
> erschienenen Schriften insgesamt 15.798 Instinkte
> gezählt, die in 6.131 Kategorien geordnet waren."

Soviel zu den Instinkten ...

Die Vorbehalte gegen den Reduktionismus und seine Erklärungs-
versuche mittels "Instinkten" führten zu einer erneuten Betonung der "Kulturfaktoren", also zu einer Wiederaufnahme der
Ideen, die Sumner in den USA eingeführt hatte; so beispielsweise durch E. A. Ross (<u>Principles of Sociology</u>, 1926), dessen
zentrale These sich auf die kulturelle Überformung aller An-
triebe bezieht. In einem ähnlichen Zusammenhang kann man das
Werk von William F. Ogburn (<u>Social Change</u>, 1922) sehen, wenn
dort hervorgehoben wird, daß in der gesellschaftlichen Entwicklung ein *cultural lag* zwischen der materiellen Kultur einerseits und der adaptiven Kultur andererseits entstünde (die

"adaptive" Kultur sind die Institutionen und Werte einer Gesellschaft). Die materielle Kultur tendiert zu einer immer schnelleren Akkumulation, während die menschliche Natur praktisch unverändert bleibt. Aus diesem Grunde kann auch die Entfaltung der Kultur nicht auf biologische Prinzipien zurückgeführt werden (Reduktionismus), sondern muß durch eine Kulturtheorie erklärt werden. Ogburn stellt eine Stufenfolge der Anpaßbarkeit von nicht-materieller (adaptiver) Kultur auf, die bereits Parsons' Kategorien vorwegnimmt: Wirtschaft, Politikbereich, Familienbereich und Erziehung sowie schließlich Philosophie und Religion.

Der bedeutendste Vertreter einer kultursoziologischen Betrachtungweise war allerdings in den USA ein Wissenschaftler, zu dem Parsons einem unmittelbaren Dienstverhältnis stand: der Leiter des Department für Soziologie an der Harvard University, Pitrim A. Sorokin (1889 bis 1968), ein Russe, der auf Umwegen in die USA gekommen war und seit 1923 an der Harvard University lehrte; er war auch der Gründer der soziologischen Abteilung dort. Man weiß, daß Sorokin Parsons keineswegs freundlich gegenüberstand, und Parsons nicht durch Sorokin, sondern andere Förderer (insbesondere Henderson) an die soziologische Abteilung berufen wurde. Auch später blieb dieser Gegensatz bestehen.

Trotz der persönlichen Spannungen darf man nicht meinen, daß der Einfluß Sorokins auf Parsons gering gewesen sei - keineswegs. Das Hauptwerk, die vierbändige Ausgabe von Social and Cultural Dynamics, erschien mit den ersten drei Bänden 1937, mit dem vierten 1941. Die gesamte Geschichte der Menschheit wird hier - nicht evolutionär, sondern ähnlich wie bei Max Weber - in Typen dargestellt, so daß Fluktuationsreihen entstehen. Zahlreiche Typologien, die Sorokin entwickelt, finden sich in ganz ähnlicher Form (als wissenssoziologische oder "logische" Kategorien) bei Parsons wieder (vgl. insbesondere Parsons' Einleitungstext zu dem Abschnitt über *"Culture and the Social System"* in dem Sammelband von PARSONS u. a. 1961).

4. Mit diesen Erinnerungen haben wir kurz die soziologische
Tradition gestreift, innerhalb derer sich Parsons' Ausbildung
in den USA notwendig vollziehen mußte. Wie bereits erwähnt,
dominiert in den frühen Jahren bei Parsons noch keineswegs
das Interesse an der soziologischen Theorie, sondern seine
Interessen sind vage über die ganze Breite sozialwissenschaftlicher Theorien verstreut; sie umfassen die Biologie ebenso
wie die Anthropologie, die Kulturtheorie und die Wirtschafts-
lehre. Als eine der wesentlichen Quellen für Parsons' wissenschaftliche Entwicklung wird rückblickend der Funktionalismus
hervorgehoben und Parsons meist als der wichtigste Vertreter
und zugleich Vollender der funktionalistischen Theorie dargestellt. Dabei knüpft man in der Regel an die Theorien Malinowskis sowie anderer Kulturanthropologen an (vgl. beispielsweise JONAS 1969: 145 ff).

Demgegenüber muß man sich jedoch vor Augen führen, daß Parsons
seiner Ausbildung und seinem Lehrauftrag nach zunächst nicht
das Fach Soziologie vertrat, sondern die ökonomische Theorie.
Und wenngleich man zu Recht annehmen (und bei Parsons belegen)
kann, daß er mit dem Funktionalismus Malinowskis, Lintons,
Radcliffe-Browns vertraut war, so gibt es daneben noch eine
andere Strömung des Funktionalismus, die Parsons mindestens
in gleichem, wenn nicht viel stärkerem Maße beeinflußt haben
dürfte: Es handelt sich um die allgemeine philosophische Abkehr vom Substanzdenken (Cassirer, Whitehead), die nicht nur
zu einer Revolution in den Sozialwissenschaften im engeren
Sinne, sondern auch in der Ökonomie, der Biologie und anderen
Verhaltenswissenschaften führte. Ein Beispiel auf biologischem
Gebiet ist das Werk von W. B. Cannon (The Wisdom of the Body,
1932), der Parsons nachhaltig beeinflußt hat. Vor allem aber
dürfte Parsons - vor seiner Beschäftigung mit den Anthropolo-
gen - mit dem funktionalistischen Denken in der Wirtschafts-
lehre in Berührung gekommen sein. Die neuere ökonomische Theorie baut sich nämlich ebenfalls auf funktionalen Prinzipien
auf. Sie begreift das Gefüge der wirtschaftlichen Leistungen

als Wirkungszusammenhang. An die Stelle des substanzgebundenen
Denkens mit seinen einsinnigen (kausalen) Zurechnungen tritt
die Betrachtung der gegenseitigen Abhängigkeiten von Variablen,
mathematisch ausgedrückt durch den Begriff der Funktion[1].
Funktionsbegriffe ersetzen Substanzbegriffe - beispielsweise
in der Geldtheorie, wenn das Geld als Medium des Tausches, das
heißt nach seiner Funktion, bestimmt wird.

Erstaunlicherweise knüpft die moderne funktionalistische Wirtschaftstheorie an einen physikalischen (mechanischen) Begriff
an: den des Gleichgewichts. In der Theorie, die in dieser Form
von Léon Walras entwickelt wurde, bedeutet dieser Begriff, daß
in einem System von Variablen alle Größen in ihrer jeweiligen
Zuordnung eindeutig bestimmt sind. Man hätte gewiß den Begriff
des "Gleichgewichts" von Anbeginn vermeiden oder später elimi-
nieren können, um statt dessen von einem System gegenseitiger
Abhängigkeiten, vollendeter Entsprechungen o. ä. zu sprechen.
Das wäre treffender gewesen und hätte viele Mißverständnisse
vermieden, insbesondere das fatale Mißverständnis, daß Gleich-
gewichtsanalysen per definitionem auf zeitlose Ruhevorgänge
gerichtet sein müßten. Das Gegenteil ist der Fall; die von
Walras und seinen Nachfolgern entwickelte Theorie der funktionalen Systembeziehungen einer Menge dynamischer Größen, die
insgesamt eine Wirtschaft (oder eine Gesellschaft) kennzeichnen, ist eine Theorie der Bewegungsvorgänge, der Entwicklung.[2]
Der Begriff des "Gleichgewichts" drückt lediglich einen fiktiven, logischen Bezugspunkt aus, nämlich in einem Bild einer
mechanischen Balkenwaage, bei der sich beide Schalen in einem
Zustand der Ausgewogenheit befinden (moderne elektronische
Analysewaagen würden nicht einmal mehr dieses Bild entstehen
lassen). Dies ist im übrigen ganz belanglos, denn die Theorie
versucht nicht, die Gesellschaft - oder ihre Teile - im Sinne
einer ausgeglichenen Ruhezustandes zu verstehen, sondern sie
bemüht sich, ausgehend von der Erkenntnis, daß die modernen
Gesellschaften Wachstumswirtschaften aufweisen, also durch
eine fließende Quote der Veränderung (Zuwachsraten, Wachstums-

raten) gekennzeichnet sind, die Bedingungen dieser Veränderungs-
prozesse herauszuarbeiten. Dies gilt für die ökonomische Theorie ebenso wie für die sich parallel entfaltende soziologische
Theorie. Die entscheidenden Quellen für Parsons dürften in dieser Hinsicht in dem Werk des Engländers Alfred Marshall (1842
bis 1924), in dem Einfluß Josef Schumpeters (der 1932 nach Harvard gekommen war) und schließlich in der Rezeption der Ideen
John Maynhard Keynes liegen [3].

5. Faßt man all diese Quellen und Anregungen zusammen, die ein
aufgeschlossener und systematisierender Geist in den dreißiger
Jahren aufnehmen konnte, der sich in der amerikanischen Situation auf hohem Niveau auskannte, seine Klassiker mit Eifer studiert, seine Ausbildung in Europa in guter Tradition abgerun-
det und das Glück hatte, auf eine der großen, wenn nicht die
bedeutendste, amerikanische Universität dieser Periode berufen
zu werden, so zeigt sich, daß Parsons nicht weniger und nichts
anderes geleistet hat, als man erwarten durfte: Seine Veröffentlichungen bis zu der Mitte der vierziger Jahre zeigen die flei-
ßige Aufarbeitung aller Themen, mit denen er sich auseinander-
setzte, in einer Vielzahl von Publikationen, die alle die Aufmerksamkeit der Zeit fanden, und sie gipfelte in einem Werk
(*Structure of Social Action*), das noch heute - über vierzig Jahre
nach seinem Erscheinen - als eines der großen Werke der Theoriebildung gefeiert wird. Auf dieser Basis baute Parsons in den
folgenden Jahren sein Werk auf, dessen Konturen sich erstmals
deutlich 1951 in dem programmatischen Gemeinschaftswerk *Toward
A General Theory of Action* und seiner Theorie des *Social System* ab-
zeichneten. Dieser Ansatz traf jedoch mittlerweile auf eine
veränderte Situation, in der weder der Funktionalismus mehr
unwidersprochen als das einzig mögliche Theorie-Schema noch
die Idee der "großen Theorie" als das Ideal der Erkenntnis-
gewinnung akzeptiert wurden.

Die Soziologie hatte sich als Wissenschaftsdisziplin institu-
tionalisiert und war sich als Institution sofort selbst frag-

würdig geworden. Die Kritik an einer "linearen, positivistischen" (das heißt, nicht sogleich in sich gebrochenen, "reflexiven") Denkweise hatte zwei Ursprünge: zum einen die tra-
ditionelle metaphysische Kritik der Vernunft, die sich seit
Hegel mit der dialektischen Hermeneutik vermischt; zum anderen
sozialkritische Ursprünge, die aus der Anwendung soziologischer
Fragestellungen auf sich selbst resultieren, und die überall
dort einsetzte, wo sich der erste Optimismus der Gründerväter
in den Systemruinen verlief, mit denen sie in ihrer Pionier-
Gigantomanie die ganze Welt hatten umspannen wollen.

Die Folge war, daß sich zahllose "kritische" Einlassungen mit
unreflektierten "Fortsetzungs"-Arbeiten vermischten, sich die
unterstellte Einheit der Wissenschaft zunehmend als Fiktion
enthüllte, sich überall "Richtungen" etablierten, sich die -
wie Merton zu Recht bemerkt hat: notwendigen - Alternativen
der Theoriebildung plötzlich als unversöhnliche Gegensätze
stilisierten, in deren Pointierung sich die Protagonisten und
Proselyten zu profilieren suchten. Diadochenkämpfe im Wohn-
küchenmilieu prätendierten Geistesschlachten zu sein. "Reader"
und andere "cover-integrates" ersetzten die verlorene Einheit
des Stils und der Theorie. Das Äußerste, was in dieser Situation an theoretischem Wagnis noch möglich schien, war das Konzept von "Theorien mittlerer Reichweite" (MERTON 1957). Parsons
hat diesen orientierungslosen Parochialismus stets abgelehnt:

> *"From the time when the outline of my first book, The Structure*
> *of Social Action, took shape, I have been deeply concerned with*
> *the position and possibilities of what I have called "general*
> *theory", specifically in contrast to Merton's stress on 'theo-*
> *ries of the middle range'." (SS/AT: 123).*

Man darf nicht nur über die wissenschaftssoziologische Situation dieser Jahre spötteln, man muß auch ihre Ursachen sehen.
Sie lagen vor allem darin, daß eben jener Ansatz, der angeblich
die tragende Basis der modernen Soziologie sein sollte, wissen-
schaftstheoretisch bereits überholt war, als er gerade in das

allgemeine Bewußtsein eingedrungen war: der Funktionalismus.

Der Funktionalismus, den Malinowski und Radcliffe-Brown in die soziologischen Seminare eingeführt hatten, und den dann die Soziologen zum allgemeinen Mythos stilisierten, war die letzte große Errungenschaft des ausgehenden 19. Jahrhunderts. Als 1910 das Werk Cassirers erschien, in dem das alte Denken in Substanzen endgültig verworfen und das Denken in Funktionen begründet wurde, war dies der Schlußstein einer langen philosophischen Auseinandersetzung (CASSIRER, 1910).

Inzwischen war nun auch ein völlig neues Konzept von Theorie entstanden - genauer: ein neues Verhältnis zwischen Wirklichkeit, Erfahrung und Interpretation. Dieses neue Verhältnis, das die Wissenschaft zum Problem der Erkenntnis gewann, stammt aus einer höchst obskuren Quelle: dem Zweiten Weltkrieg. Zahlreiche Probleme der Militärstrategie, der Logistik (das heißt der militärischen Versorgung), der Kriegsökonomie u. a. m. , mußten auf eine Weise gelöst werden, die eine eigentümliche Verbindung von Spezialkenntnissen einerseits sowie höchst umfassende Generalisierungen andererseits erforderte. Hinzu trat ein Problem, das sich in Kriegszeiten stets in seiner besonderen Schärfe zuspitzt: das Problem der Entscheidung unter Risiko. Das Risiko besteht in dem Umstand, daß man nicht alle Entscheidungsvariablen ihrem Wert nach bestimmen kann. Es besteht also über eine Reihe von Größen, von denen man weiß, daß sie die Entscheidungsprobleme betreffen, Ungewißheit. Dazu zählt vor allem das Problem, welche Entscheidungen der Gegner, welche Strategie er wählen wird. Diese Frage ist ausführlich in der Theorie der "strategischen Spiele" erörtert worden. Jedoch wurde dabei zugleich bewußt, daß das Problem der Entscheidung unter Risiko (Handeln angesichts von Ungewißheit) ein ganz allgemeines Problem ist, mit dem jeder tagtäglich in allen Lebenssituationen konfrontiert ist. Dies hatte einen erheblichen Einfluß auf die Soziologie, die zunehmend zu einer allgemeinen Theorie menschlichen Handelns wurde. In diese Theorie flossen nun sehr heftig die zuvor erwähnten Strömungen ein, die die Form der allgemeinen Systemtheorie annahmen.

Dennoch blieb die soziologische Diskussion eifrig eine Diskussion des Funktionalismus, obwohl das, was man als Funktionalismus diskutierte, längst etwas anderes geworden war: <u>Systemtheorie</u>. Die Geschichte der Systemtheorie beginnt, nach einer langen Tradition des Denkens in Systemen, einen völlig neuen Abschnitt mit dem Zweiten Weltkrieg, und unter ihrem Einfluß etablierten sich in zahlreichen Wissenschaftsdisziplinen Denkschemata, die unter Berücksichtigung informationstheoretischer und "kybernetischer" Analysen neuartige Theoriemodelle mit einem eigentümlichen Ganzheitsanspruch präsentierten. Man hat alle möglichen Termini dafür verwendet: Systemdenken, kybernetische Modelle, Informatik, usw. Ihre Gemeinsamkeit liegt in der grundlegenden Orientierung und der Verwendung bestimmter Muster der Interpretation (1) des Erkenntnisprozesses, (2) der Realität und (3) der Leistung der Wissenschaft.

Die oben schon angedeutete kritische Haltung zahlreicher Soziologen, denen die institutionalisierte Soziologie als Institution und die produzierten Theorien von vornherein ebenso verdächtig waren, wie die Gesellschaft, aus der sie kamen, haben die Systemtheorie als folgerichtige Fortsetzung des Positivismus interpretiert, so daß in dieser Kritik die Systemtheorie ein Stück raffinierter, ein Stück blinder und ein erhebliches Stück dümmer als alles an positivistischer Theoriebildung zuvor erscheint: raffinierter, weil sie im Gewande des <u>Scientismus</u> auftritt; blinder, weil sie den Zusammenhang einer immanenten Erkenntniskritik nicht mehr sieht, sondern diese durch Wissenschaftssoziologie substituiert hat; dümmer, weil sie ihre eigenen Denktraditionen nicht nur nicht kennt (was ein Mangel an Bildung wäre), sondern ausdrücklich verleugnet (was ein Mangel an Geisteshaltung ist). Erkenntnistheorie wird durch das Schema der "black-box" ersetzt - Manipulation statt Wissen.

Erst wenn man dieses schwierige Klima versteht, in dem Parsons mutig den Schößling der "großen Theorie" pflanzte und fleißig über vierzig Jahre hegte, um einmal im Schatten eines schönen Theoriebaumes ruhen zu können, kann man ermessen, welche Liebe und gärtnerische Geduld Parsons für sein Bäumchen aufgewendet hat, das er im Jahre 1951 im Garten der soziologischen Abteilung der Harvard Universität unter Mithilfe von zahlreichen Kollegen in fruchtbaren Boden senkte.

I. The Structure of Social Action

Mit all diesen Bemerkungen, die ein Schlaglicht auf die diffuse Konstellation werfen sollten, in der Parsons das Fundament seines Werkes legte, haben wir einen großen Zirkel um Parsons' Arbeit herum geschlagen, aber noch keinen Blick auf ihren eigentlichen Kern geworfen: auf das erste "große" Buch Parsons' - *The Structure of Social Action*. Dies ist nunmehr nachzuholen!

1. Parsons eröffnete die Reihe seiner wissenschaftlichen Publikationen mit Aufsätzen über den Begriff des "Kapitalismus", über Max Weber, über Alfred Marshall, über Pareto und über Konzepte im Zwischenbereich von Ökonomie und Soziologie; insgesamt sind dies 15 Publikationen. Dann folgt die *Structure of Social Action* - ein schon vom Umfang her gewaltiges Buch von mehr als 800 Seiten. Der Untertitel lautet: "*A Study in Social Theory with Special Reference to a Group of Recent European Writers.*" Das zentrale Thema des Buches ist in den Überschriften von Teil II und Teil III formuliert: "*The Emergence of a Voluntaristic Theory of Action ...*" zunächst *(Teil II)* aus der positivistischen Tradition, dann *(Teil III)* aus der idealistischen Tradition. *Teil I* ist eine Darstellung der "*Positivistic Theory of Action*"; *Teil IV* enthält die Folgerungen, die Parsons aus der Darstellung zieht. (Jemand, der sich nur flüchtig mit dem Buch be-

schäftigen möchte, sollte zweckmäßigerweise eben diesen Teil
VI lesen).

Parsons legt Nachdruck auf die Formulierung des Untertitels,
daß es sich um eine Analyse sozialer (genauer: soziologischer)
<u>Theorie</u> (im Singular!) handele:

> *"Its interest is... in a <u>single</u> body of systematic theo-*
> *retical reasonning."*

Der hier entscheidende Ausdruck "single coherent body of
theory" (S. v. Einleitung) wird noch mehrfach wiederholt. Die
Grundthese des Buches wird damit sichtbar, nämlich die - An-
sicht oder Einsicht -, daß in der europäischen Tradition der
Sozialwissenschaften auf der Basis der Arbeiten des 18. und
19. Jahrhunderts im Verlaufe der letzten 50 Jahre zunehmend
deutlich ein Theoriegebäude errichtet worden sei, in dem all
diese Beiträge "konvergierten". Dieses Theoriegebäude bezeichnet Parsons mit dem Begriff der "voluntaristischen Theorie des Handelns". Diese Theorie bildet sich durch "Emergenz",
was bedeutet, daß sie sich als eine neue Qualität, als qualitativ neue wissenschaftliche Strukturbildung, evolutionär
entfaltet - Hauch einer Hegelschen Konzeption.

Die Arbeit besteht in der Durchsicht des Materials, das eine
Gruppe von europäischen Denkern - jeder auf seine Weise - als
sozialwissenschaftliche Theorie systematisiert hat. Der lei-
tende Gesichtspunkt, unter dem Parsons dieses Material revidiert, ist die "Konvergenzthese", also die Behauptung, daß
sich in diesen Materialien die Emergenz einer einzigen großen
Theoriebildung nachweisen lasse. Nur wenn man diesen Punkt
klar vor Augen hat, wird man die Formulierungen Parsons'
richtig verstehen, der seine Analysen nicht als "hermeneu-
tisch", sondern - folgerichtig in der Linie seiner Intention - als "empirisch" bezeichnet:

> *"This study has attempted throughout to be an <u>empirical</u>*
> *monograph. It has been concerned with facts and the under-*
> *standing of facts... That the phenomena with which the*

*study has been concerned happen to be the theories that
certain writers have held about other phenomena does not
alter matters... They belong to a class of facts, linguis-
tic expressions..." (SA: 697)*

Daher ist es auch nicht entscheidend, inwieweit Parsons die
von ihm herangezogenen Autoren "immanent richtig" darstellt,
sondern entscheidend ist vielmehr, inwieweit eine hermeneu-
tisch korrekte Exegese als empirische Prämisse geeignet ist,
die Konvergenzthese zu stützen oder zu stürzen.

Parsons begründet seine These vor allem mit der Analyse be-
grifflicher und aussagentheoretischer Elemente bei Alfred
Marshall, Vilfredo Pareto, Emile Durkheim und Max Weber, gibt
darüber hinaus aber auch stets Referenzen zu historischen
Vorgängern und gedanklichen Nebenlinien dieser Wissenschaftler an.

Das Ergebnis faßt er in fünf Thesen zusammen:

1. In den Werken dieser vier wichtigsten Theoretiker der
   europäischen Tradition[4] zeichnet sich in ihren Grundzügen
   ein einheitliches System einer allgemeinen Sozialtheorie
   ab, deren struktureller Aspekt mit dem Ausdruck einer "voluntaristischen Theorie des Handelns" bezeichnet wurde
   (These der Bildung eines neuen Theoriesystems).

2. Dieses allgemeine Theoriesystem bildet eine qualitativ
   neue Entwicklung; es ergibt sich nicht einfach als Fort-
   führung der Tradition, auf der es aufbaut (Emergenzthese).

3. Die Entwicklung des neuen Theoriesystems stand in jeder
   Phasen in einer überaus engen Beziehung zu den entscheidenden empirischen Systematisierungen. Die Bildung des
   neuen Theoriesystems wird also durch die Art der empirischen Generalisierungen entscheidend mitgestaltet (These
   der empirischen Fundierung).

4. Ein entscheidender Faktor bei der Emergenz der voluntaristischen Theorie des Handelns liegt in der richtigen Beob-

achtung der empirischen Fakten des sozialen Lebens - insbesondere in der Korrektur und der Erweiterung der Beobachtungen jener Wissenschaftler, gegen die sich die genannten
"großen Vier" in ihrer polemischen Opposition stellten
(These der empirischen Validierung). Verständlicherweise
ist dies für die Studie die entscheidende und wichtigste
These:

> *"This is, then, the basic thesis of the study. On it
> the whole structure must stand or fall. There is no
> possible explanation of the convergence into a single
> theoretical system which does not include the proposi-
> tion that correct observation and interpretation of
> facts themselves constitute a major element."*
> *(SA: 723 f.)*

5. Schließlich sollen die voranstehenden vier Thesen - sofern
   sie als begründet gelten dürfen - insgesamt die empirische
   Verifikation für die Gesamtthese des Buches liefern, nämlich die, daß das betrachtete Material die Entfaltung einer
   einzigen, einheitlichen Theoriebildung darstelle...
   (These der Konvergenz).

> *"It is worth while pointing out that if the last con-
> clusion be accepted..., this study has a legitimate
> claim to be considered, not only as a contribution to
> the understanding of certain social theories and their
> processes of development, but also as a contribution to
> social dynamics." (SA: 726)*

Dieses Zitat belegt nochmals deutlich den eigentlichen Anspruch des Buches, nicht nur Darstellung von fremden Theorien
zu liefern, sondern die eigenständige Aufzeichnung einer dynamischen geistesgeschichtlichen Theoriebildung zu sein - der
Entfaltung der voluntaristischen Theorie des Handelns. Erst
wenn man dies versteht, ist man in der Lage, den Inhalt der
entscheidenden Kapitel (I und II; VIII und XIX) richtig zu
würdigen. (Parsons selbst hat später - Vorwort zur 2. Auflage,
1964 - moniert, daß das Gewicht der Analyse allzu einseitig
auf der soziologischen Seite der Theoriebildung lag - weder
die Anthropologie (generell: die Kulturtheorie) noch, was erheblich schwerer wiegt, die Psychologie sind vertreten. Nie-

mand wird das Fehlen der Theorie Sigmund Freuds nachträg-
lich mehr bedauert haben als Parsons selbst.)

2. Wir werden uns nun der Aufgabe zuwenden, einige der wichtigsten Begriffe des Werkes zu präzisieren, die dort und in
der allgemeineren Parsons-Diskussion eine große Rolle spielen. Dabei handelt es sich vor allem um die Begriffe "Utilitarismus", "Positivismus" und das Konzept des "Voluntarismus".

Der Utilitarismus ist, wenn schon keine empirische Theorie,
so doch gewiß eine philosophische Interpretation des Handelns;
seine ursprüngliche zentrale These lautet sinngemäß, daß
alles Handeln ausschließlich an seinen Folgen zu messen sei
und nicht in sich selbst beurteilt werden könne. Im engeren
Sinne freilich bezeichnet der Begriff die besondere Auffassung der Gruppe, die im Frankreich des 18. Jahrhunderts von
Helvétius und in England von Jeremy Bentham vertreten wurde,
eine Gruppe von philosophischen Radikalisten. Sie vertraten
die Lehre, daß die Rechtfertigung allen Handelns aus einem
einzigen Kriterium hergeleitet werden müsse, nämlich der
Maxime des "größten Glücks der größten Zahl". Utilitaristi-
sche Komponenten lassen sich in fast allen Handlungskonzep-
ten bis zurück ins Altertum (Epikur) verfolgen. Die neuere
Konzeption beginnt mit den schottischen Moralphilosophen
(Ferguson, Smith) und den englischen Positivisten (F. Bacon,
T. Hobbes). Jeremy Bentham schuf daraus ein vollständig
eigenständiges System, das dann von James Mill und John
Stuart Mill zu einem ökonomischen Glückskalkül fortentwickelt
wurde. Der Utilitarismus wurde damit zu einem Basistheorem
der Volkswirtschaftslehre, insbesondere der Wohlfahrtstheo-
rien.

Parsons geht es jedoch überhaupt nicht um eine Diskussion
dieser allgemeinen Aspekte des Utilitarismus. Er diskutiert
vielmehr die Entwicklung des Konzepts "Handeln" und streift
dabei gewisse Züge des menschlichen Sozialverhaltens, deren

Merkmale sich teilweise von so breiten Konzeptionen wie denen
des "Utilitarismus" (und - wie noch zu zeigen sein wird - des
"Positivismus") zusammenfassen lassen. Parsons' These ist
sinngemäß, daß in der alteuropäischen Tradition bestimmte
Elemente zunehmend deutlicher hervortreten und insgesamt den
Inhalt dessen definieren, was mit "Utilitarismus" gemeint
ist, nämlich der Individualismus (oder Atomismus) der einzelnen handelnden Individuen und auch der einzelnen Handlungs-
akte; die Rationalität des Handelns unter dem Aspekt maximaler "Effizienz"; die starke empirische Orientierung sowohl
des Handelns selbst als auch seiner theoretischen Analyse;
schließlich die normative Beliebigkeit des Handelns. Dabei
betont Parsons insbesondere die wissenschaftliche Komponente
- die Durchformung des Handelns mit szientifischen Normen
einerseits, die Entfaltung von Wissenschaft als Handlungszusammenhang andererseits -, die das Problem der Rationalität zum eigentlichen Kernproblem des Handelns werden läßt.
Damit verläßt Parsons im Grunde jedoch längst das - relativ
enge - Konzept des Utilitarismus und diskutiert das - viel
umfassendere - Problem des <u>Positivismus</u>.

Der Positivismus in seiner allgemeinen Form ist eine bestimmte Haltung gegenüber dem Problem menschlicher Erkenntnis - ursprünglich stark politisch-praktischer Natur, in seiner weiteren Haltung jedoch zunehmend szientifisch geprägt, das
heißt auf erkenntnistheoretische Standpunkte reduziert. Der
Positivismus als Haltung (das heißt als praxeologische Einstellung) läßt sich durch gewisse Maximen kennzeichnen; insbesondere seine anti-metaphysische (anti-spekulative, phäno-
menologische) Haltung, seinen strikten Nominalismus (also die
Ablehnung von nicht-empirischen Wesenheiten), seine Ablehnung
von Werturteilen und sein Streben nach der Einheit der Erkenntnis, ausgedrückt in der Einheit der Wissenschaften. Die
Eigenheiten des positivistischen Standpunkts treten verständlicherweise erst in der detaillierten Diskussion von Problemen hervor; so ist beispielsweise auch der Utilitarismus in

sich positivistisch (vgl. beispielsweise KOLAKOWSKI 1971; SCHNÄDELBACH 1971).

Diese Einsicht ist auch der Ausgangspunkt Parsons' bei dem Versuch, in der Diskussion der alten, mittlerweile obsoleten, Theorien des Handelns zu den tiefer liegenden Schichten von philosophischen und sozialpsychologischen Maximen zu gelangen, von denen sich die von ihm darzustellende voluntaristische Theorie des Handelns befreien mußte. Das Versagen des Utilitarismus liegt nach Parsons' Auffassung in diesem Zusammenhang darin, daß die Rationalitätsmaxime sich ausschließlich auf die Wahl der Mittel richten konnte, während alle Zielvorstellungen völlig beliebig, also unerklärt bleiben mußten. Der Utilitarist sieht den Menschen wie einen verschrobenen Wissenschaftler vor sich, dem alles gleich wichtig ist, der jedes abstruse Phänomen mit dem gleichen Eifer verfolgt, der vollkommen rational über alle Mittel perfekte Einsicht besitzt, jedoch über Ziele und Zwecke seines Tuns den Zufall walten läßt. Ein Dilemma entsteht: Entweder sind alle Ziele zufällig und willkürlich, aber das handelnde Individuum ist frei, seine Zukunft zu bestimmen (freilich nicht: sie vorherzusehen), oder aber die Zukunft folgt systematischen Gesetzen, dann aber wäre die Freiheit des menschlichen Handelns (eventuell sogar total) eingeschränkt. Dieses "utilitaristisch-positivistische Dilemma" erweist sich als äußerst wichtige Konstruktion für die Beweisführung Parsons'; die Hörner dieses Dilemmas müssen von der "neuen" Theorie, die den alten Fallen entgehen will, vermieden werden.

Der zweite Punkt, mit dem sich Parsons in dieser Diskussion von logischen Mängeln der positivistisch-utilitaristischen Theorie des Handelns auseinandersetzt, ist das Problem der Rationalität. In der utilitaristischen Theorie verfügt idealerweise der Handelnde über - wenn schon nicht maximale, so doch - ausreichende Information hinsichtlich aller Situationsbedingungen, um sein Ziel so rational wie möglich zu er-

reichen. Alle Abweichungen von diesem "idealen Pfad" müssen
mithin als "irrationale" Umwege, die auf <u>Irrtum</u> oder <u>Ignoranz</u>
beruhen, interpretiert werden. Der Handelnde beging einen
Fehler, den er bei besserem Nachdenken (oder sorgfältigerer
Sammlung der verfügbaren Information) hätte vermeiden können:

> *"He thought he knew but in fact he did not."* (SA: 66)

Daraus folgt die grundlegende Prämisse rationalen Handelns:

> *"Being rational consists in these terms precisely in be-
> coming a scientist relative to one's own action."* (SA: 66)

Soweit Handeln bei dieser Voraussetzung nicht mehr subjektiv
rational erklärbar ist, müssen dafür nicht-subjektive Voraussetzungen - vor allem Vererbung und Umwelt - verantwortlich
sein. Dieser Schluß ist für Parsons überaus wichtig: steht er
in direktem Widerspruch zu der These, mit der die Theorie des
Handelns beginnt, nämlich der: daß sie eine Theorie vom <u>sub-
jektiven</u> Standpunkt des Handelnden aus ist, daß sie die Welt
aus der Sicht des handelnden Individuums rekonstruiert:

> *"...the frame of reference of this scheme is subjective in
> a particular sense. That is, it deals with phenomena, with
> <u>things and events as they appear from the point of view of
> the actor</u> whose action is being analyzed and considered."*
> (SA: 46)

Da es sich aber in Verfolg der positivistisch-utilitaristischen Theoriebildung erweist, daß eben diese Voraussetzung
preisgegeben werden muß, nach der alle relevanten Faktoren
letztlich auf subjektive Momente reduzierbar sein müssen, so
liegt darin eine fundamentale Inkonsistenz, deren Überwindung
dann zu einer neuen Theorie des Handelns führen soll.

Dieses qualitativ Neue, nach dem Parsons sucht, entdeckt er
in dem konvergierenden Theorieschema, das sich in den Arbeiten von Marshall, Pareto, Durkheim und Weber (als den wichtigsten Namen, die mit dieser Entwicklung verbunden sind -
später fügt Parsons stets nachdrücklich den Namen Sigmund
Freuds hinzu) abzeichnet. Dieser neuen Konzeption gibt

Parsons die Bezeichnung einer "voluntaristischen" Theorie des
Handelns.

Ebenso wie der Utilitarismus und der Positivismus hat auch
das Konzept des Voluntarismus eine viel umfangreichere Tradition, als Parsons für die Zwecke seiner These mobilisiert.
Die eigentliche und fundamentale Grundprämisse aller voluntaristischen Konzeptionen ist die Vorstellung, daß der _Wille_
die Basis der Erkenntnis (erkenntnistheoretischer V.), die
Grundfunktion der Seele (psychologischer V.), bestimmendes
Prinzip der Welt (metaphysischer V.), Grundprinzip der Ethik
(ethischer V.) oder vorherrschende Eigenschaft Gottes (theo-
logischer V.) sei. Der Voluntarismus steht zwar im Widerspruch zum Intellektualismus und Rationalismus, weil er betont, daß der Wille (und nicht die Vernunft, die nur "ein
Sklave des Willens" ist - Hume) das theoretische und prakti-
sche Handeln bestimmen. Insofern gibt es in diesen Komponenten einen Widerspruch zu gewissen Annahmen des Positivismus.
Andererseits sind Voluntarismus und Utilitarismus durchaus
miteinander verträglich. William James (der bekanntlich ebenso wie Parsons in Harvard lehrte) leitete aus der Subjekti-
vität und Relativität des menschlichen Wollens das Prinzip
der größtmöglichen Bedürfnisbefriedigung als einzige Maxime
der Ethik ab - also eine Variante des Utilitarismus (prag-
matischer U.).

Parsons stellt demgegenüber einen völlig anderen - einen rein
meta-theoretischen (oder methodologischen) Zug als die entscheidende Differenzierung zwischen Positivismus und Voluntarismus heraus, nämlich die Stellung der normativen (oder
ideellen) Komponenten des Handelns. Was gemeint ist, wird im
Grunde erst dann völlig klar, wenn man die erkenntnistheoretischen Positionen betrachtet, auf die Parsons letztlich
seine Kennzeichnung der unterschiedlichen Standpunkte, zwischen denen der Voluntarismus vermitteln soll, begründet.

Diese Positionen werden am deutlichsten erkennbar dann, wenn
sie in der üblichen philosophischen Lehre als "realistische"
Auffassung einerseits, "idealistische" Auffassung andererseits dargestellt werden. Beide Positionen beziehen sich auf
das sogenannte "Außenweltproblem". Der "subjektive Idealismus" - der ebenso wie der Positivismus einen der extremen
Standpunkte darstellt, zwischen denen Parsons dann vermittelnd den Voluntarismus aufbauen will - sieht unsere Bewußt-
seinsinhalte als das primär Gegebene an. Die Außenwelt als
die Menge der konditionalen und situativen Bedingungen des
Erlebens/Handelns besteht nur so weit, wie sie auf subjektive
Empfindungen des Individuums zurückgeführt werden kann. Genau den entgegengesetzten Standpunkt vertritt der physikalische Realismus. Er vermag alle subjektiven Momente nur so
weit zu berücksichtigen, wie sie sich objektiven empirischen
Funktionen zurechnen lassen.

Bei dieser Art der Zuordnung von Begriffen treten erhebliche
Schwierigkeiten auf. Es ist aus dem Text Parsons' klar ersichtlich, daß Parsons die utilitaristisch-positivistische
Fassung einerseits mit der idealistischen Auffassung andererseits kontrastieren (vgl. insbesonders S. 81 ff.) und dazwischen die voluntaristische Position vermittelnd einschieben
möchte. Nun ist jedoch nicht nur - wie schon erwähnt - der
Voluntarismus teilweise mit dem Utilitarismus identisch, sondern darüber hinaus wird in der philosophischen Tradition
nicht etwa der Realismus mit dem Positivismus gleichgesetzt,
sondern es sind ausdrücklich bestimmte idealistische Positionen (der subjektive Idealismus) mit dem Positivismus verknüpft worden, so durch Avenarius, Petzold und vor allem
Ernst Mach. Bekannt geworden ist in der Physik der große
Streit im Jahre 1910 zwischen dem Realisten Max Planck einerseits, dem Positivisten (Idealisten) Mach andererseits (Physikalische Zeitschrift, Bd. 11: 599-606, 1186-90).

Die vermittelnde Position zwischen diesen beiden extremen
Standpunkten nimmt (der von Kant vertretene) "Phänomenalis-
mus" ein. Dieser stimmt mit dem objektiven Idealismus wie dem
kritischen Realismus in der Anerkennung von "Dingen an sich"
überein, nur hält er diese für unerkennbar - erkannt werden
können nur "Erscheinungen". Diese Auffassung wird unter anderem dadurch belegt, daß Kant in Raum-Zeit nur Anschauungs-
formen (keine Begriffe) sieht, so daß der "transzendentale
Idealismus" zugleich "empirischer Realismus" wird; denn er
erkennt an, daß unseren Anschauungen etwas Wirkliches im Raum
entspricht.

Es soll hier auf die weitere Verfolgung dieser philosophischen Aspekte verzichtet werden. Schon diese ersten Andeutungen zeigen, daß Parsons seine Leser hier auf ein äußerst
schwieriges Gebiet führt. Dies liegt darin begründet, daß er
seine - in sich schlüssigen - Argumente mit traditionsreichen
geistesgeschichtlichen Begriffen verknüpft, die teilweise
völlig andere Inhalte und Umfänge haben als die, von denen
Parsons Gebrauch machen möchte.

Der entscheidende Gedanke Parsons' liegt in der Konzentration
auf die normativen Komponenten des Handelns sowie die Art und
Weise, wie das Verhältnis von objektiven Situationsfaktoren
einerseits, von ideellen Vorstellungsinhalten (insbesondere
von Normen und Werten) andererseits in den unterschiedlichen
Theorien des Handelns konzeptualisiert ist. Dabei verknüpft
er den Begriff des Positivismus mit einer Position, die
letztlich alle Faktoren auf objektive Bedingungen des Handelns reduziert, dagegen den des Idealismus mit einer Position, die alle objektiven Konditionen auf subjektive Vorstellungen zurückführt. Beide Positionen führen zu Widersprüchen,
die in einer vermittelnden Position, die Handeln aus der Interaktion zwischen empirisch-konditionalen Bedingungen einerseits, normativ-ideellen Komponenten andererseits erklärt,
aufgehoben werden sollen. Dieses Schema bezeichnet er als

<u>voluntaristisch</u> (philosophisch richtiger wäre "phänomenolo-
gisch"), und er glaubt, dessen Emergenz aus der positivistischen Tradition einerseits, der idealistischen Tradition andererseits nachweisen zu können.

Dies ist die Basis, auf der jeder interessierte Parsons-Schü-
ler zumindest mit der Lektüre des Kapitels XIX beginnen
sollte, den "Tentative Methodological Implications", die
Parsons' weitere Arbeit für lange Zeit tragen.

Wir schließen damit diesen ersten Abschnitt ab, den wir der
"Fundamentierungsphase" gewidmet haben. Die Aufgabe der folgenden beiden Abschnitte wird es sein,

1. einige methodologische Aspekte der Theorie Parsons' zu
   analysieren und

2. die Entwicklung der Theorie selbst - bezogen auf ihre
   wichtigsten Komponenten - darzustellen sowie schließlich

3. anzudeuten, welche Wendung Parsons' Werk im Verlaufe der
   Ausarbeitung seines großen Entwurfs nahm.

II. <u>Zur Methodologie der Handlungssystemtheorie</u>

Als Parsons seine Studien in Amherst begann und dann in
London und Heidelberg fortsetzte, vollzog sich in der angelsächsischen Soziologie gerade ein erheblicher Umbruch: Der
Funktionalismus wurde zur herrschenden und ausschließlichen
Erklärungsweise. Dies jedenfalls stellte Bronislaw Malinowski
in seinem Beitrag über "Anthropology" zur <u>Encyclopedia Bri-
tannica</u> (1936) fest.

Die funktionalistische Betrachtungsweise, die ihren Kulmina-
tionspunkt in den vierziger Jahren erreichte und in Gestalt
des "Struktur-Funktionalismus" zur dominierenden Methode der
gesamten Sozialwissenschaften wurde, löste seit der Jahrhun-
dertwende - zuerst zögernd, dann mit geradezu revolutionärer
Gewalt - die alte evolutionistische Betrachtungsweise ab,
tatsächlich verdrängte sie für eine Reihe von Jahren den Gedanken an die Wirkung von Evolution überhaupt. Es war Parsons
selbst, der zunächst das Konzept der Evolution - mit Spencer -
für tot erklärt, aber dann in den sechziger Jahren allmählich
wieder zum Leben erweckt hatte.

Die <u>Structure of Social Action</u> beginnt mit einem Zitat (von
Crane Brinton): "Who now reads Spencer?" Parsons setzt in
ironischer Paraphrasierung einer "detective-story"-Formulie-
rung hinzu: "Spencer is dead. But who killed him and how?
This is the problem." Im Jahre 1966 veröffentlichte Parsons
dann einen Band, der ausdrücklich das Prinzip der Evolution
wieder ins Recht setzte: <u>Societies - Evolutionary and Comparative Perspectives</u>. Und schließlich läßt sich hierzu ein
passendes Zitat aus dem Jahre 1977 anfügen:

> *"I, however, would subscribe firmly to the view that
> social science cannot be complete without the careful
> study of dimensions that can properly be called 'evolu-
> tionary'." (SS/AT: 110)*

- 44 -

Die alte Evolutionstheorie (im Gegensatz zur heutigen,
"neuen", Evolutionstheorie, die Parsons für eine so wesent-
liche Komponente einer Theorie der "living systems" ansieht)
beruhte auf einem "Denken in Substanzen". Das Substanzdenken
ist mit Wesensfragen verbunden, mit dem Versuch, die Wahrheit
zunächst durch eine grüblerische Versenkung in das Sein der
Welt zu ergründen und sie dann in einem großen System darzustellen. Diese Art der philosophischen Stubengelehrsamkeit
wurde durch die aufblühende Feldtätigkeit und die empirische
Forschung (der sozialwissenschaftlichen Parallele zur langen
experimentellen Tradition der Naturwissenschaften) zunehmend
diskreditiert. Die Biologie und in ihrem Gefolge die Anthropologie erteilten den Sozialwissenschaften eine Lektion in
Methodologie, die von den modernen, an der neuen formalen
Logik geschulten, Philosophen (Cassirer, Whitehead) vertieft
und systematisiert wurde.

Auf diese neue Einstellung gegenüber dem Verhältnis von Wirklichkeit und Wissenschaft insgesamt bezog sich Parsons ganz
ausdrücklich sowohl im ersten als auch im letzten (jeweils
methodologischen) Kapitel seiner Structure of Social Action.
Von den fundierten Kenntnissen, die er sich in dieser Periode
erarbeitet und in dem Buch dargestellt hat, zehrte Parsons
sein Leben lang; nirgendwo anders sind die beherrschenden
methodologischen Prinzipien seiner Arbeit klarer oder syste-
matischer dargestellt.

Die entscheidende Einsicht, die der Funktionalismus allmählich
hervorbrachte, war die, daß die Wirklichkeit als ein überaus
komplexer Wirkungszusammenhang begriffen werden muß, nicht
als eine Ansammlung von Entitäten (Wesenheiten), sondern als
Interaktionskomplex von Wirkungskräften. Die Welt ist ein
Potential von Aktions- und Reaktionskräften, die wir in unserem Erleben und Handeln mobilisieren. Die einzelnen Gegenstände unserer Alltagserfahrung haben ihren Sinn nur in einem
komplexen Orientierungssystem, das durchwoben ist von allen

möglichen Annahmen, Hypothesen, Prämissen und sonstigen Konstrukten. Das heißt, zwischen die Welt und unsere Erfahrung der Welt tritt ein Schema kulturspezifischer Interpretationen, die ihren rationalen Kern und ihre kognitive Systematik im Wissenschaftszusammenhang haben. Erst innerhalb solcher Schemata bestimmt sich, "was Tatsache ist":

> *"...in this study a fact is understood to be an 'empirical verifiable statement about phenomena in terms a conceptual scheme'." (SA: 41, Note on the concept "Fact". Es handelt sich um eine Definition Hendersons, die Parsons hier zitiert und übernimmt.)*

Die Bedeutung des Funktionalismus als methodologisches Konzept liegt darin, daß er gelehrt hat, unsere Erkenntnis als das Produkt eines Interaktionszusammenhanges zwischen der Tätigkeit des Menschen und den Wirkungskräften der Natur zu sehen: Verwenden wir <u>dieses</u> Schema, so gelangen wir zu dieser Art von Einsichten; verwenden wir jenes, so erhalten wir <u>jene</u> Einsichten; und diese Art des Befundes ist der einzige, der wirklich <u>empirisch</u> genannt werden darf (HÜBNER 1968).

Parsons hat dies sehr deutlich gesehen. Das Konzept, das er als intermediäre Struktur zwischen den Wirkungszusammenhängen der Wirklichkeit einerseits und den theoretischen Einsichten als weltgestaltenden Kulturmustern andererseits konstruierte, ist das Konzept des Systems. Dieses Konzept - und seine Handhabung - verlangt zunächst unsere Aufmerksamkeit.

1. <u>Zum Begriff des Systems</u>

Der Funktionalismus war keineswegs von Anbeginn Systemtheorie. Erst im Verlauf seiner <u>logischen</u> Analyse erwiesen sich funktionalistische Aussagen als besondere Formen der Systematisierung von Phänomenen, die man zweckmäßigerweise als Elemente von "Systemen mit einer zielgerichteten Organisationsstruktur" (ZO-Systeme) interpretierte. Der Ausdruck "ZO-

System" wurde von STEGMÜLLER 1961 eingeführt. Ihm liegen Untersuchungen Nagels über "Systeme mit zielgerichteter Organisation" zugrunde (der entsprechende Ausdruck lautet im Origi-
nal: "directively organized systems"; vgl. NAGEL 1951, 1953,
1956. Eine ausführliche Darstellung der Theorie der ZO-Systeme
im Zusammenhang mit den Vorstellungen Parsons' finden sich
in JENSEN 1970: Abschnitt IV).

Dies führte dazu, daß terminologisch eine Verschiebung ein-
trat, die den Begriff des "Funktionalismus" allmählich in den
Hintergrund treten ließ; man sprach zwar weiterhin von "funktionalistischer Analyse", "funktionalen Problemen" usw.; dabei wurde jedoch zunehmend klarer, daß es sich - methodologisch gesehen - um <u>teleologische Erklärungen</u> und - erkennt-
nistheoretisch gesehen - um <u>Systemanalysen</u> handelte. Das Konzept des Systems gewann nunmehr entscheidende Bedeutung.
Merton beispielsweise verwarf den Terminus "Strukturfunk-
tionalismus" ganz ausdrücklich, was Parsons zustimmend zitiert (SS/AT: 100). An derselben Stelle fährt Parsons dann
fort, den Systembegriff zum eigentlichen Zentralbegriff
"funktionaler Analyse" zu erklären:

> *"System seems to me to be an indispensable master-
> concept..."*

Leider ist die Verwendung des Systembegriffs keineswegs so
eindeutig geregelt, wie man dies wünschen möchte. Diese Mehr-
deutigkeit kommt dadurch zustande, daß sich schlechthin alles
als System bezeichnen läßt - konkrete Gegebenheiten ebenso
wie abstrakte Begriffsbildungen, technische Zusammenhänge
ebenso wie geistige Vorstellungen, biologische Lebensformen
ebenso wie morphologische Taxonomien. Im Hinblick auf Parsons'
Theoriebildungen müssen folgende Ebenen sorfältig unterschieden werden:

a) Die <u>primäre</u> Ebene der <u>Alltags-</u> oder <u>Lebenswelt</u>. Dies ist
   die Welt unserer alltäglichen Erfahrung, in der wir uns

bewegen, in der wir morgens aufwachen, tagsüber erleben und handeln, abends einschlafen.

b) Alle Wissenschaft ist - als praktisches oder theoretisches Handeln des Menschen - ein Teil dieser Wirklichkeit. Nicht nur, aber insbesondere die Wissenschaft produziert eine Vielzahl von interpretativen Schemata, die wir dazu benutzen, um komplexe Orientierungsmuster aufzubauen ("innere Modelle der äußeren Welt"), mit denen wir unser Erleben und Handeln in spezifischer Weise organisieren. Diese "internen Außenweltmodelle" - insbesondere in ihrer wissenschaftlichen Formulierung als Theorien - stellen eine zweite Ebene dar, auf die der Begriff des "Systems" bezogen werden kann.

c) Schließlich gibt es innerhalb der Wissenschaft einen reflexiven Arbeitszusammenhang, der sich mit den möglichen Konzepten für die Thematisierung von Problemen beschäftigt. Die Entwicklung der Systemtheorie als eines methodologischen Werkzeugs ist eine der Leistungen dieses Bereichs (methodologische Ebene).

Wir werden nun dazu übergehen zu untersuchen, wie in jedem dieser drei Zusammenhänge (auf jeder dieser drei Ebenen) der Systembegriff jeweils zu verstehen ist. Beginnen wir mit der dritten, methodologischen Ebene.

Der Begriff des "Systems" auf dieser methodologischen Ebene bezeichnet ein Werkzeug, das von den "Konstrukteuren" (Methodologen, Wissenschaftstheoretikern) "hergestellt" wird, um Probleme thematisieren zu können. Dabei haben diese "Konstrukteure" uns über die Verwendungsmöglichkeiten und die Brauchbarkeit dieses Werkzeugs eine Reihe von Angaben gemacht, die sich folgendermaßen zusammenfassen lassen:

Ein "System" ist ein universell verwendbares Konzept, das für alle möglichen - realen oder nicht-realen, konkreten oder abstrakten, physisch-materiell-energetischen oder rein geisti-

gen - Gegenstände verwendet werden kann. Es bezeichnet nicht
den Gegenstand selbst, sondern verweist auf eine besondere
Methode der Zuwendung zu dem jeweils betrachteten Gegenstand.
Es würde sich also empfehlen, nicht von einem System, sondern
von einem als System betrachteten Zusammenhang zu sprechen.
Damit will man ausdrücken, daß man diesen Gegenstand unter
dem Aspekt seiner inneren Organisation, seiner inneren Verbundenheit, seiner inneren Strukturen und Prozesse sowie unter dem Aspekt seiner Abgrenzung gegenüber der Umwelt, aber
auch seiner Interaktionsbeziehungen mit dieser Umwelt betrachten will. Die allgemeine Systemtheorie stellt mit ihren
systemanalytischen Verfahren, Techniken, Methoden usw. zahlreiche differenzierte Möglichkeiten bereit, um je nach der
spezifischen Interessenlage der Einzelwissenschaften in der
adäquaten Weise vorzugehen.

Betrachten wir nun die zweite Ebene - die Ebene der Theoriebildung. Lassen sich die Wissenschaftstheoretiker und Methodologen mit Konstrukteuren vergleichen, so die empirisch
orientierten Forscher mit Handwerkern. Sie sind nämlich auf
die Werkzeuge der Konstrukteure angewiesen und verwenden sie
in ihrer "Arbeit", um dort "Erkenntnisse" hervorzubringen.
Worin bestehen diese Erkenntnisse? Diese Frage führt durch
ihre falsche Analogie in die Irre, weil sie in Parallele zur
Produktionsweise einer Maschine, die einen "Output" aus-
stößt, gestellt ist. Die Arbeit von empirischen Wissenschaftlern wird zwar in "Outputs" - nämlich Publikationen - dokumentiert, "besteht" jedoch nicht aus diesen Publikationen,
sondern in der - schriftlich aufgezeichneten - Systematisierung von Ereignissen (oder Phänomenen) der Erfahrungswirk-
lichkeit. Die Aufgabe empirisch orientierter Wissenschaftler
besteht darin, eine Beschreibung ihres gewählten Gegenstandsbereichs vorzunehmen und all die in der Beschreibung erfaßten
Ereignisse (oder Phänomene) so zu verknüpfen, daß das die
Wirklichkeit gestaltende Muster - der gestaltende Wirkungszusammenhang - natürlich immer nur hypothetisch vermutet -

hervortritt. Der von den Konstrukteuren angebotene Begriff
des "Systems" (mit all den methodologischen Konsequenzen)
bietet sich als eine besonders geeignete Konzeption an, um
eine solche Zurechnung zu ermöglichen. Mit anderen Worten:
Eine Theorie ist die Systematisierung aller Ereignisse eines
Feldbereichs (Gegenstandsbereichs) mit dem Ziel der systematischen Verknüpfung aller Aussagen in einem geordneten (beispielsweise axiomatisch-deduktiven) Zusammenhang (STEGMÜLLER
1969b; HEMPEL 1974, Kapitel 5).

Dabei bietet es sich nun insbesondere an, den relevanten Bereich, über dessen Phänomene eine solche Systematisierung
vorgenommen werden soll, als System zu interpretieren beziehungsweise als Komplex einer Vielzahl interdependenter
Systeme (System/Subsystem-Komplexe usw.). Dies würde bedeu-
ten, daß die Empiriker in vollem Umfang von dem methodologischen Konzept des Systems, so, wie es ihnen von den methodologischen Konstrukteuren geliefert wird, Gebrauch machen
können. In diesem Fall interpretieren sie also den jeweiligen
Gegenstandsbereich (universe of discourse) als ein empirisches System und analysieren ihn mittels systemtheoretischer
Verfahren.

Natürlich muß man deutlich den empirischen, als System interpretierten, Zusammenhang von seiner theoretischen Re-Konstruk-
tion unterscheiden. Betrachten wir beispielsweise "die amerikanische Gesellschaft zur Zeit Jeffersons" - also ein bestimmtes historisches Individuum - als den "relevanten Gegenstandsbereich", der zu beschreiben und dessen Ereignisse zu
systematisieren wäre(n), dann könnte diese Gesellschaft als
empirisches Sozialsystem interpretiert und analysiert werden.
Angenommen, diese Analyse wäre von einer Serie kompetenter
Soziologen hinreichend oft überprüft und schließlich allgemein von der "community of scholars" als Standardtheorie
akzeptiert worden, dann wären wir auf einer Ebene angelangt,
für die Parsons den Ausdruck eines "empirisch-theoretischen

Systems" verwendet hat: Es handelt sich um ein System, das einerseits eine klare empirische Referenz in den verfügbaren Fakten, andererseits seinen klaren theoretischen Ausdruck in einem Konzept der Systemtheorie gefunden hat. Den gleichen Status weist Parsons beispielsweise den Systemen der Newtonschen Mechanik zu. Auf eben diesen Status versucht Parsons in seiner Arbeit die gesamte Theorie der Lebenswelt zu bringen - die Rekonstruktion ihrer Verhältnisse in einem empirisch-theoretischen System - also einem System, das sowohl analytisch wie empirisch allen Standards und Anforderungen entspricht.

Was bedeutet in diesem Lichte der Begriff des "analytischen Systems", den Parsons so oft verwendet? Im Anschluß an die letzte Formulierung des vorangegangenen Absatzes ergibt sich, daß Parsons sich damit auf die wissenschaftstheoretische oder methodologische Komponente der Systembildung bezieht. Man kann sich ein "empirisch-theoretisches System" gleichsam als die Resultante zweier - miteinander in Wechselwirkung stehender - Wirkungsbereiche vorstellen: einerseits der empirischen Fakten, die in der Systembildung rekonstruiert, und andererseits der methodologischen Konstruktionsregeln, die bei der Systembildung beachtet werden müssen. Diese Gruppe von Regeln, die zunächst ganz allgemein für "Systeme überhaupt" gilt (Allgemeine Systemtheorie), muß ihrerseits - eben durch Bezug auf die empirischen Konditionen der zu analysierenden Wirklichkeitsbereiche - so spezifiziert werden, daß sie den Arbeitsbedingungen der empirisch orientierten Wissenschaftler angepaßt sind. Auf diese Weise entstehen "unterhalb" der Ebenen der Allgemeinen Systemtheorie (AST) enger gefaßte, aber zugleich auch viel detaillierter ausgearbeitete, "spezielle Systemtheorien" (SST). Ein Beispiel dafür bietet die Theorie der Handlungssysteme oder auch die (besser ausgearbeitete) Theorie der Sozialsysteme. Der Begriff der "analytischen Systeme" bezieht sich nun auf all die Aspekte, die den _methodologischen_ Teil dieser Systembildung betreffen,

also eben all jene Überlegungen, die übrigbleiben oder notwendig werden, wenn man von den <u>empirischen Konditionen</u>, die
die Systemkonstruktion bedingen, absieht.

Wenden wir uns noch der zuerst genannten Ebene zu, auf der
von "Systemen" die Rede sein kann! Es handelt sich dabei um
die alltägliche Lebenswelt. Diese Ebene wurde als "primäre"
Ebene bezeichnet. Warum diese Begriffswahl? Die Kennzeichnung
der Systembildungen der Alltagswelt als "primäre" Prozesse
soll auf die Tatsache aufmerksam machen, daß für unser Erleben und Handeln alle Ereignisse dieser Ebene eine unbezwei-
felbare primäre Qualität haben; sie sind der Ursprung und das
Ende unseres Daseins in der Welt[5].

Erleben und Handeln im Alltag machen nun schon fortwährend
von einem Prinzip Gebrauch, das die Wissenschaft erst in
jüngster Zeit ausführlich analysiert und zum Inhalt einer
völlig neuen Wissenschaftsgruppe (der Kybernetik) gemacht
hat: eben dem Prinzip der Systembildung. Da es unmöglich ist,
stets alles auf einmal zu berücksichtigen, zerlegen wir alle
in unserem praktischen Handeln die Welt in einzelne Zusammenhänge: in Tag und Nacht, in Frühstück, Mittag- und Abend-
brot, in Arbeitszeit und Freizeit, in politische oder private
Affairen, in Männersachen und Weiberkram, in Normale und Ver-
rückte, in Freunde und Feinde und so endlos weiter. Keineswegs wird - wie in den Sprachspielereien dieses Beispiels -
die Welt nur in dichotomische Paare zerlegt, dies ist lediglich ein besonders beliebtes Muster der "Kodifizierung". Das
allgemeine Prinzip besteht darin, ein Thema aus dem Gesamtzusammenhang der Welt auszusondern und es im Bewußtsein als
Aufgabe präsent zu halten, während alle anderen Probleme in
den Hintergrund verlagert werden, so daß sie den "Horizont
der Möglichkeiten" bilden, auf dem das spezifische Arbeits-
thema seinen besonderen Sinn gewinnt. Verlagert sich die Aufmerksamkeit, so sinkt das vordergründige Problem in den Hintergrund ab, neue Selektionen führen neue Aufgabenstellungen

ein, die ihrerseits systembildend wirken, also Zerlegungen in
Referenzsysteme und Umwelt erfordern.

Dabei bezeichnet der Begriff des "Systems" - wie schon nach-
drücklich betont - keine konkreten Individuen, sondern eine
abstrahierte Eigenschaft von Dingen. Es handelt sich um die
Eigenschaft der Verbundenheit, der "_interconnectedness_" (wie
Parsons mit einem Ausdruck von Whitehead sagt). Verbundenheit
ist eine sehr umfassende Eigenschaft, die möglicherweise alle
Phänomene des Universums teilen. Bei der Verwendung des
Systembegriffs geht es stets um eine _spezifische_ Verbunden-
heit, die man am besten als selektive Verknüpfung bestimmter
Aspekte eines Gegenstandsbereichs interpretiert.

Alles ist mit allem verbunden; "interconnectedness is the
very essence of being". Dieser philosophische Gedanke bildet
den Ausgangspunkt für die Herausarbeitung des Musters der
Verbundenheit, der Analyse des Gewebes der Welt, das höchst
unterschiedlich geflochten sein kann. Viele Verknüpfungen
scheinen uns viel enger verwoben als andere, die Art der Verknüpfungen mag unterschiedlich sein und vor allem: alles
scheint sich im Fluß der Zeit zu wandeln.

Die Bildung von Systemen ist mithin ein Mittel, um selektive
Verknüpfungen zu thematisieren, die innerhalb eines umgrenzten Raum-Zeit-Bereichs für unseren Geist Bestand haben sollen.
Wir sagen nicht, daß wir damit das "eigentliche Muster der
Welt" erfaßt hätten; diese Behauptung wäre vermessen. Wir
sagen nur, daß wir mit den Mitteln, die eine spezifische Wissenschaft uns bietet, etwas re-konstruiert haben: die Abstraktion eines Zusammenhangs, dessen Vorhandensein wir vermuten - vermuten in der Weise, daß wir unser Erleben und Handeln so ausrichten, als gäbe es ihn tatsächlich. Genau das
- die Vermutung eines Zusammenhangs, an dem wir unser Erleben

und Handeln mit der Erwartung spezifischer Wirkungen ausrichten - nennen wir "Realität".

Der Begriff "System" bezeichnet eine Abstraktion, die dadurch zustande kommt, daß wir einer Reihe von Dingen eine gemeinsame Eigenschaft zusprechen und diese selektiv hervorheben: die Eigenschaft der Verbundenheit. Ein System ist nichts Konkretes, Berührbares oder sonstwie mit den Sinnen Faßbares. Es ist lediglich eine Menge von Relationen, ein Bündel von Beziehungen. Oft wird der Systembegriff in einer Weise verwendet, der diese sprachliche Gegebenheit verwischt. Beispielsweise in den Ausdrücken "Computersysteme", "Verbundsysteme von Schiene und Straße" oder ähnliches scheint sich der Systembegriff auf konkrete technische Anlagen zu beziehen. Aber bei genauer Analyse sind es nicht die sichtbaren Elemente der Technik, sondern es ist die Art ihrer besonderen Verbundenheit, die als System dargestellt wird.

Welche Bedeutung hat diese Einsicht für die Beschäftigung mit dem Werk Parsons'? Eine eminente Bedeutung - deswegen, weil <u>systembildendes Erleben und Handeln</u> das eigentliche fundamentale Thema des gesamten Parsonsschen Werkes darstellt. Diesem Aspekt soll sich der nächste Punkt zuwenden.

2. <u>Erleben und Handeln</u>

Parsons hat sein Ziel stets darin gesehen, eine Theorie des sozialen Handelns zu entwickeln - von seinem ersten großen Buch, der <u>Structure of Social Action</u>, bis hin zu seiner letzten Essay-Sammlung, <u>Action Theory and the Human Condition</u>. Auch das methodologische Konzept, das er zur Analyse des Handelns verwendet, hat sich von diesem ersten bis zum letzten Werk nicht verändert - das Konzept des Systems. Und dennoch läßt sich erstaunlicherweise aus diesem Gesamtwerk über eine Spanne von 40 Jahren hinweg, in denen Parsons mit größter

Sorgfalt allen nur denkbaren Problemen der Handlungssystem-
theorie nachgegangen ist, die simple Frage: "Was eigentlich
sind action-systems?" keineswegs mit einer ebenso simplen
Antwort erledigen.

Diese Schwierigkeit hängt unmittelbar mit der Diskussion des
vorangehenden Abschnitts über verschiedene Ebenen der Systembildung zusammen. In dieser Diskussion wurde die Auffassung
vertreten, daß man bereits auf einer "primären Ebene", in der
Alltagswelt, auf Prozesse der Systembildung träfe. Erleben
und Handeln sind nichts anderes als Prozesse der Systembildung: Selektion von Problemzusammenhängen auf dem Hintergrund
eines Horizontes mitgedachter Möglichkeiten.

Diese "primären Systembildungen" werden nun von der soziologischen Theorie - gemäß Parsons' Auffassung: von einer Reihe
großer Denker in einem konvergierenden Schema - als Systeme
rekonstruiert. Darin liegt ein bemerkenswerter hermeneuti-
scher Anspruch, nämlich die Behauptung, daß die soziologische
Theoriebildung einen Prozeß reflexiv nachvollziehe, der in-
tentional schon immer in derselben Weise konstituiert war -
einen Prozeß der Systembildung.

Hans Reichenbach hat - im Zusammenhang mit physikalischen Bestimmungen von Raum-Zeit-Größen - darauf aufmerksam gemacht,
daß an manchen Stellen gar keine Erkenntnisprobleme vorliegen,
sondern Definitionen erforderlich sind (REICHENBACH 1928: 23).
Ob ein bestimmter Zusammenhang ein System ist, läßt sich
nicht erkennen, sondern nur festsetzen. Diese Festsetzung
hat metatheoretische Bedeutung, sie ist kein Bestandteil der
objektsprachlichen Theorie selbst. Definitionen sind es, die
darüber entscheiden, ob Erleben und Handeln als Systembildungen aufgefaßt werden, und diese Definition bestimmt dann das
weitere Vorgehen. Eine solche Zuordnung von Begriffen zu
wirklichen Ereignissen wird von Reichenbach als "Zuordnungs-

definition" bezeichnet. Das Charakteristische einer solchen
Definition ist,

> "daß der Anschluß an etwas Wirkliches notwendig ist, also
> eine Zuordnung von Begriffen zur Realität, und zugleich,
> daß dieser Anschluß willkürlich ist, also die Eigenschaft
> einer Definition hat" (REICHENBACH 1928: 23).

Dieser Gedanke ist auf das vorliegende Problem anzuwenden.
Wir müssen also zunächst damit beginnen, ein Kriterium zu
entwickeln, mit dessen Hilfe der Begriff der "Systembildung"
definiert werden kann, und dies kann nur dadurch geschehen,
daß wir eine entsprechende Einheit durch eine Zuordnung bestimmen.

> "Die Notwendigkeit einer solchen Zuordnung (läßt sich da-
> durch erkennen), daß ohne sie das Problem unbestimmt
> bliebe" (Reichenbach 1928: 135);

es ist nicht eine empirische oder technische, sondern eine
prinzipielle Unmöglichkeit, eine solche Bestimmung vorzunehmen, ohne zuvor gewisse Vereinbarungen einzuführen.

Die Lösung, die Parsons diesem Problem gegeben hat, ist nicht
ganz durchsichtig: An einigen Stellen scheint er der Formulierung zuzuneigen, daß Handeln das Ergebnis der Verknüpfung
einer Reihe von Elementen sei (also eine Systembildung), an
anderen Stellen hingegen kombiniert er ausdrücklich das Handlungssystem aus einzelnen (wenngleich fiktiven) "unit acts".

Der Aufbau eines Handlungssystems aus "unit acts" ist insbesondere in der frühen Phase kennzeichnend für Parsons' Vorgehen, während er in seinem Spätwerk eine viel vorsichtigere
Interpretation vornimmt, die auf alle Bezüge auf das
Newtonsche System (dessen Logik im frühen Werk vielfach die
formalen Überlegungen anregte) verzichtet. Tatsächlich gibt
Parsons in seinen späten Überlegungen dem Gesamtkomplex der
Wissenschaften, die er unter dem Begriff der "Wissenschaften
des Handelns" ("sciences of action" AT/HC 1978: 5) zusammen-
faßt, eine ganz andere Deutung im Rahmen der Bestimmung des-

sen, was er die "human condition" nennt. Typisch dafür ist
beispielsweise die Vorgehensweise und Art der Definition von
Handeln, beziehungsweise den Systemen des Handelns, in der
<u>American University</u>:

> "'Handeln' soll (in unserer Konzeption) menschliches Ver-
> halten dann heißen, wenn und soweit es symbolisch orien-
> tiert ist. Symbolsysteme sind in Codes organisiert, die
> linguistischen Codes darin entsprechen, daß sie eine Menge
> von Normen zur Steuerung von Kommunikationsprozessen dar-
> stellen... Der Begriff des 'Handelns' geht davon aus, daß
> eine Ebene linguistischer Symbolisierung, der linguisti-
> schen Kodifizierung von Sinn, besteht... Handeln ist eine
> Form von Verhalten, und Verhalten impliziert notwendiger-
> weise die Existenz lebender Organismen als Träger des Ver-
> haltens. Daraus folgt, daß Systeme des Handelns sich auf
> eine Vielzahl lebender menschlicher Organismen beziehen.
> Soweit nun Verhalten auf symbolischer Orientierung und
> der Sinngebung durch Symbole beruht, existiert darüber
> hinaus ein <u>Kultursystem</u>. Kultur besteht aus den kodifi-
> zierten Systemen sinnhafter Symbole und all den Aspekten
> des Handelns, die sich direkt auf Probleme der Sinnhaftig-
> keit (meaningfulness) derartiger Symbole beziehen... Die
> Analyse von Verhaltensformen, die die Ebene des Handelns
> erreicht haben, muß eine doppelte Referenz aufweisen:
> einerseits eine Referenz zu den lebenden Organismen in
> ihrer Umwelt, andererseits zu den kulturellen Sinnsyste-
> men. Die Verknüpfung dieser beiden letzten Bezugspunkte
> erfordert die Identifizierung von zwei weiteren Systemen
> des Handelns: von Sozialsystemen und von Persönlichkeits-
> systemen..." (AU 1973: 8 ff.)

In dieser Vorgehensweise ist nichts mehr von einer "physikalischen" Sprache zu entdecken. Man erkennt vielmehr eine
deutliche Hinwendung zu einer biologischen Basis, die Parsons
in seiner Spätphase generell stark beschäftigt hat. Berücksichtigt man diese späte Auffassung, dann ist es nicht mehr
möglich, sich das System des Handelns in einer "physikalischen Manier" aus "unit acts" kombiniert vorzustellen (so
noch 1938-1951). Handeln selbst ist <u>systembildend</u>. Systeme
des Handelns (nicht: <u>Handlungssysteme</u>) sind die Resultante
eines komplexen Prozesses sinnhafter Orientierungssysteme,
die zur Steuerung des Verhaltens verwendet werden. Victor
Meyer Lidz, Parsons' wissenschaftlicher Assistent, hat davon

gesprochen, daß Handeln ein "emergentes Phänomen" sei - also
eine "neu auftauchende Qualität"[6].

Diese neue Qualität gewinnt das Verhalten - also die biologische Aktivität des Organismus - auf der Ebene des Menschen
durch die Entwicklung der symbolischen Orientierungssysteme,
und eben dies bedeutet zugleich auch die Entstehung der
Systeme des Handelns - in der Form des Verhaltenssystems,
der Persönlichkeit, des Sozialsystems und des Kultursystems.
Dabei muß man beachten, daß diese vier primären Subsysteme
des gesamten Zusammenhangs (der Systeme des Handelns) rein
analytisch gebildet sind - auf diesen Punkt geht der nächste
Abschnitt ausführlich ein. Diese Systeme des Handelns jedenfalls stellen die sinnhafte Organisation des Erlebens und
Handelns von Menschen dar - oder umgekehrt formuliert: Das
menschliche Erleben und Handeln ist systembildend, es führt
zur Konstitution von Systemen des (Erlebens und) Handelns.

Parsons selbst verwendet diesen Doppelbegriff "Erleben/Han-
deln" nicht; er stammt (und wird hier übernommen) von Niklas
Luhmann. "Erleben" wird dabei in seiner Kausalität der Welt
zugerechnet (es ist Handeln anderer oder Geschehen der Wirklichkeit, das wir "erleben"); "Handeln" wird kausal dem
"Aktor" zugerechnet (es ist unsere aktive Weltauslegung,
unser aktives Tätigsein in der Welt - vgl. LUHMANN 1970:
113-136).

3. <u>Das Konzept der Pattern-Variablen</u>

In der frühen Fassung der Handlungstheorie (TGTA, SS) verwendet Parsons als wichtigstes Element des allgemeinen Theorie-
rahmens das Konzept der "<u>pattern-variables</u>". Den Ausgangspunkt für dieses Konzept bildet eine anthropologisch fun-
dierte Einsicht, nämlich die, daß das Wesen des Menschen von
Natur aus zu unbestimmt (oder zu "weltoffen") ist, um die

konkrete Situation über ein Reiz-Reaktionsschema und entsprechende Instinktmechanismen zu "entschlüsseln". An die Stelle von "innate organizers" treten kulturelle Selektionsmechanismen, die in der sozialen Gemeinschaft entwickelt und von den Individuen in Sozialisationsprozessen gelernt werden. Da nun jede Situation zunächst für den Menschen - für sein Erleben und Handeln - relativ unbestimmt bleibt, muß er sich "orientieren", das heißt der Situation ihren spezifischen Sinn geben:

1. Wie ist - rein kognitiv betrachtet - die Situation beschaffen, welche Objekte bauen sie auf?

2. Welche emotionale Bedeutung hat diese Situation für mich - inwieweit kommt sie meinen Bedürfnissen und Wünschen entgegen, inwieweit widerspricht sie ihnen?

3. Welche Bewertung ist unter diesen Umständen vorzunehmen - soll und darf ich gemäß meinen Wünschen mein "Verhalten freisetzen" oder gibt es Schranken?

Während der erste und zweite Problemkreis jeweils reine Feststellungen erfordern (die auch auf Instinktbasis organisiert sein könnten), stellt das dritte als Bewertungsproblem vor eine ganz andere Art von Aufgaben. Es geht um die Ausbalancierung der ersten beiden Orientierungen, um die normative Ausrichtung des Handelns. Diese Bewertung geschieht in Parons' Theorie durch ein System von "<u>Value-Orientation-Patterns</u>". Dies war zunächst die Basis, auf der Parsons dann feststellte, daß man die Orientierungsprobleme jedes Aktors - die Steuerung seiner Orientierung mit Hilfe der VOPs - als einen schrittweisen Selektionsprozeß auffassen könnte, der jeweils in der Entscheidung für eine von zwei entgegengesetzten Möglichkeiten besteht, und zwar sowohl im Hinblick auf das kognitive Problem (die <u>Modalität</u> der Objekte) als auch im Hinblick auf das emotionale Problem (die <u>Einstellung</u> gegenüber den Objekten). Mit anderen Worten: Die evaluative Abwägung mit Hilfe der VOPs wurde als Folge zweiwertiger Ent-

scheidungsschritte dargestellt. Auf diese Weise entstanden
die "<u>pattern-variables</u>": Sie beschreiben das "Muster"
(<u>pattern</u>) der einzelnen Selektionsschritte in Form von jeweils zwei entgegengesetzten Variablen.

Dieses Schema entstand ursprünglich im Zusammenhang mit der
Reflexion über Tönnies' bekannte Unterscheidung zwischen <u>Ge-
meinschaft</u> und <u>Gesellschaft</u>:

> *"Gradually it became clear that this dichotomy concealed*
> *a number of indepentenly variable distinctions." (ES: 33)*

Den empirischen Ausgangspunkt für die Erforschung dieser
"verborgenen Variablen" bildete die Analyse der Beziehungen
zwischen Berufspraktikern (Arzt, Anwalt) und Klienten/Patien-
ten. Dieser Ansatz wurde in der Folgezeit mehrfach modifiziert (vgl. TGTA, SS, WP, PV-Revisited).

Eine ganz stark geraffte Darstellung ergäbe ungefähr folgendes Bild: Die Analyse der professionellen Beziehungen "Praktiker : Klient" führte zunächst zu einer Aufgliederung der
ursprünglichen Zweierdichotomie in <u>vier</u> Variablenpaare, die
für längere Zeit in der komparativen Analyse von Sozialstrukturen verwendet wurden. Bei diesen vier Variablen handelt es
sich um

1. "Selbstinteresse" versus "Kollektiv-Orientierung" (ursprünglich "Selbstinteresse : Desinteressiertheit");

2. Universalismus versus Partikularismus;

3. funktional spezifische versus funktional diffuse Aspekte;

4. affektive versus affektiv-neutralisierte Aspekte.

Der erste Fall betrifft die Struktur der "Marktbedingungen"
im Hinblick auf die Frage, inwieweit es legitim ist, den
eigenen "Vorteil" im Zusammenhang der betreffenden "Dienstleistung" - etwa des Arztes oder Anwalts - wahrzunehmen. Das
war im wesentlichen noch das Problem des Selbstinteresses im

traditionalen Sinne der Wirtschaftstheorie (Utilitarismus).
Die soziologische Zuwendung zu diesem Thema beruhte auf der
Frage, in welchem Umfang diese Konzeption auf soziale Bezie-
hungen anwendbar sein konnte.

Die zweite Dichotomie betraf die Kriterien der Zuwendung zu
anderen, einmal unter dem Aspekt ihrer "universellen" Charak-
teristika, zum anderen ihrer persönlichen (einmaligen) Merkmale. Beispielsweise benötigt ein Kranker jemanden, der
etwas von Medizin versteht, ganz gleich wen, oder ein Grund-
stückserwerber einen Notar als solchen. Auf der anderen Seite
gibt es Beziehungen, die in besonderen Relationen begründet
sind - etwa denen der Verwandtschaft oder anderen persönlichen Verhältnissen.

Die dritte Dichotomie betrifft die Interessenbasis von Beziehungen. Die meisten Berufsrollen in unseren modernen Gesellschaften sind durch ihre funktional spezifischen Aspekte
definiert. Der Anwalt ist an den Rechtsproblemen seines
Klienten interessiert; der Arzt an der Gesundheit des Patienten; der Pfarrer an seiner Seele. All diese Phänomene mögen
zusammenhängen, dennoch tritt in jeder dieser Beziehungen
ein Aspekt thematisch in den Vordergrund. Demgegenüber steht
eine Vielzahl von "sozialen" (Solidaritäts-, Freundschafts-,
Liebes-)Beziehungen, die diffus sind, also nicht auf einer
besonderen - etwa geschäftlichen - Relation basieren, sondern über die ganze Breite der Lebensbeziehungen hinweglau-
fen.

Die vierte Dichotomie richtet sich auf die Einstellung, die
man in der jeweiligen Situation/Beziehung richtigerweise ein-
nimmt. Die Alternative besteht dabei zwischen einer "emo-
tional positiven" Einstellung einerseits (Freundschafts-,
Solidaritäts-, Familien-, Liebesbeziehungen) und einer "küh-
len", das heißt leidenschaftslosen Haltung, wie sie für Ar-
beits- und Geschäftsbeziehungen als typisch unterstellt wird.

Dieses Schema aus vier dichotomischen Paaren, das in erster
Linie für die Analyse sozialer Rollenbeziehungen entworfen
war, blieb im Prinzip über eine Reihe von Jahren unverändert.
Erst in der Zusammenarbeit mit Bales und Shils - im Zuge
einer Revision der allgemeinen Handlungstheorie - gelangte
Parsons dann zu der Auffassung, daß die Bedeutung dieser Begriffe weit über die Sozialstruktur hinausging und tatsächlich den Wurzeln des Handelns überhaupt entsprang, also ebenso für Persönlichkeitssysteme und Kultursysteme gelten mußte.
Die Revision des Schemas führte zur Aufnahme eines fünften
Paares, das ursprünglich von Ralph Linton eingeführt worden
war. Es handelt sich dabei um die Unterscheidung zwischen
"ascription and achievement", die vielfach in anthropologischen Untersuchungen verwendet worden war. Dem Inhalt nach
bezieht sie sich auf die Unterscheidung von Merkmalen, die
gleichsam "angeboren" und "unabänderlich" sind (das Stan-
dardbeispiel umfaßt Geschlecht, Alter, Rassenzugehörigkeit,
Abstammung usw.) gegenüber solchen Merkmalen, die aufgrund
der persönlichen Biographie "erworben" sind - Grad der Ausbildung, Beruf, Status und dergleichen mehr. Die Begriffsbildung wurde später in die Termini "quality : performance"
abgeändert, weil Lintons Begriffe bereits eine zu fest um-
rissene Bedeutung hatten.

Die weitere Analyse brachte weiterhin zutage, daß sich zwischen diesen Paaren ganz bestimmte Ordnungsbeziehungen her-
stellen ließen. Zwei der Paare eigneten sich dazu, die Objektseite zu kennzeichnen (Universalismus : Partikularismus und
Qualität : Performance), während zwei andere Paare die Einstellung des Handelnden wiedergaben, nämlich als "funktional
spezifische" beziehungsweise "funktional diffuse" und als
"affektive" beziehungsweise "affektiv-neutrale" Einstellung.
Diese Auffassung reflektiert nichts anderes als eine grundlegende Prämisse der Theorie des Handelns, daß nämlich Handeln einerseits stets in einer Situation (komponiert aus
Objekten) stattfindet, andererseits auf bestimmten Orientie-

<u>rungen</u> (beschrieben durch die Einstellungsvariablen) beruht.
Im Zuge dieser Revision mußte dann das verbleibende fünfte
Paar (self-versus-collective interest) ausgesondert werden.

Diese Überarbeitung führte schließlich zu einer Form, in der
sich zwei Gruppen von Pattern-Variablen(paaren) gegenüber-
standen: einerseits die Gruppe der Einstellungsvariablen, andererseits die Gruppe der Situationsvariablen (auch "Variablen der Objekt-Kategorisierung" genannt).

Einstellungsvariablenpaare	Situationsvariablenpaare
1. Funktional spezifische Motive	universelle Eigenschaften
Funktional diffuse Motive	partikulare Eigenschaften
2. Affektiv besetzte Motive	qualitative (dispositive) Eigenschaften
Emotional neutralisierte Motive	leistungsbegründete Eigen- schaften

Der nächste Schritt bestand in einer "Überkreuzung" der
Variablen dieser beiden Seiten. Die dahinterliegende Überlegung war folgende: Man hat es hier mit <u>Systemen</u> des Handelns zu tun, und ein solches System besteht aus Beziehungen
zwischen <u>Aktor und Situation</u>, beschrieben durch ein Orientierungssystem, das auf der Aktor-Seite Einstellungsvariablen, auf der Situationsseite Objektvariablen umfaßt. Mithin
müssen diese beiden Variablenkomplexe miteinander verknüpft
werden, um das System im ganzen zu beschreiben. Aus dieser
Perspektive ergeben sich folgende Korrespondenzen:

Motivlage	kombiniert mit	Objektbestimmung
Affektivität		Performanz
Neutralität		Qualität
Spezifität		Universalismus
Diffusität		Partikularismus

Parsons, Bales und Shils gelangten dann zu der Entdeckung,
daß diese Korrespondenzen zu einer logischen Konvergenz mit
Bales' Klassifikation von vier Funktionsproblemen in Systemen des Handelns führten. In der schließlich akzeptierten
Terminologie wurde das adaptive Problem von der Motivseite
durch die Variable "Spezifität", von der Objektseite durch
die Variable "Universalismus" gekennzeichnet; das Problem
des "goal-attainment" durch die Variablen "Affektivität" und
"Performanz"; das "integrative" Problem durch die Variablen
"Diffusität" und "Partikularismus" und schließlich das
"pattern-maintenance and tension-mangement"-Problem durch
"affektive Neutralisierung" und "Qualität". (Vgl. die Darstellung in ES: 33-38 sowie WP, Kapitel III und V.)

Diese Entwicklung läßt sie wie folgt zusammenfassen:

Bales stellte in Harvard kleine Gruppen zum Zwecke der Beobachtung unter Laboratoriumsbedingungen zusammen. Diesen Gruppen wies er bestimmte Aufgaben zu, die durch Diskussion und
Zusammenarbeit der Teilnehmer zu lösen waren. Das Vorgehen
der Gruppen wurde beobachtet und aufgezeichnet. Bales entwickelte für diese Aufzeichnungen einen Satz von 12 Kategorien, in denen die einzelnen Verhaltensweisen kodiert werden
konnten: beispielsweise danach, ob sie zur Lösung der Aufgabe beitrugen, ob sie das "soziale Klima" der Gruppe positiv oder negativ beeinflußten usw. Das Ergebnis bestand für
Bales im wesentlichen darin, daß sich in allen Gruppen ein
bestimmtes Muster sozialen Handelns entwickelte, wobei sich
die Zuwendung zur Problemlösung mit dem Problem der Span-
nungsbewältigung innerhalb der Gruppe, Anspannung und Ent-
lastung, ablöste (BALES 1949).

Parsons erblickte in diesen Ergebnissen nicht allein die
Chance, zu einer "tieferen" Interpretation durch Anwendung
der Pattern-Variablen zu kommen, sondern auch andere Elemente seiner Theorie anzuwenden, insbesondere die Konzepte
sozialer Kontrolle und Abweichung (deviance and control).

Insgesamt ging er daran, diese Beobachtungsgruppen als Proto-
typen von Sozialsystemen zu interpretieren, die um ein hypo-
thetisches Gleichgewicht oszillierten. Jede Aktion der einzelnen Aktoren wirkt wie ein "Impuls", der das System aus
seiner instabilen Gleichgewichtslage bringt und damit in den
anderen Aktoren den Anstoß zu einer "Korrekturbewegung" erzeugt, die erneut das System in Bewegung bringt (Process of
disturbance and adjustment, WP: 71). Das Problem eines solchen Ansatzes liegt erkennbar darin, den allgemeinen Rahmen
und das "Koordinatensystem" zu formulieren, innerhalb dessen
"Handlungsimpulse" und "Gleichgewichtslagen" definiert werden
können.

Diese Aufgabe löste Parsons in der folgenden Weise: Soziale
Systeme sind normative Komplexe, die Selektionsmuster für Erleben und Handeln bilden. Durch jede konkrete Handlung in
einem Interaktionszusammenhang wird dieser normative Komplex
im Bewußtsein aller Akteure sozusagen "in Bewegung gebracht"
- jede Handlung wirkt wie ein "Impuls", der das "Netz der
normativen Beziehungen", mittels derer alle Beteiligten sich
im Erleben/Handeln orientieren, in "Schwingung versetzt".
Dieser Anstoß bewegt das System aus seinem Status quo. Der
nächste Schritt bestand nunmehr darin, die möglichen "Richtungen" oder "Dimensionen" zu definieren, in die ein solcher
Anstoß wirken konnte. Für diesen Zweck griff Parsons auf
einen Satz von Kategorien zurück, den Bales zunächst dazu
verwendet hatte, um seine Zwölfer-Gruppe von Beobachtungs-
kategorien weiter zu systematisieren. Es handelte sich um
vier "Dimensionen", die zunächst in der Reihenfolge "instru-
mental goal-achivement dimension G", "Expressive Dimension E",
"Adaptive Dimension A" und "Integrative Dimension I" eingeführt wurden (WP: 88 f.).

Bereits in demselben Buch, in Kapitel V ("Phase Movement..."),
entstand dann, durch die Konzeption von "Phasen", die das
Handeln in konkreten Situationen durchläuft, die Reihenfolge

A-G-I-L sowie die Formulierung der "four system problems"
(189 f.), die Parsons von nun an für die gesamte weitere
Arbeit beibehielt. Zugleich wurde in diesem Kapitel der Zusammenhang zwischen diesen neuen "Systemproblemen" und den
Pattern-Variablen ausgearbeitet. Dieses Kapitel gehört zweifellos zu dem Besten, was je an soziologischer Theorie - auf
abstrakter Ebene - geschrieben wurde, und bildet die Grundlage aller späteren Arbeit. Die Aufsätze 3 und 5 der Working
Papers sind ein (gelungener) Versuch, eine Reihe von Konzepten zu einer theoretischen Gesamtkonstruktion zusammenzu-
fügen:

1. die Konzeption von vier Dimensionen, die aus den von Bales
   entwickelten vier "Systemproblemen" entstand, die dann
   durch die Pattern-Variablen von Parsons/Shils re-inter-
   pretiert wurden;

2. die Vorstellung von Ort und Impuls (location and movement);

3. die sogenannten Interaktionsvariablen von Bales, die ebenfalls durch die Pattern-Variablen von Parsons/Shils re-
   interpretiert wurden;

4. die Paradigmen für die Analyse von Abweichungen und Kontrolle (deviance and control), so, wie von Parsons in seinem Social System entwickelt, und schließlich

5. Symbolkomponenten als dem Merkmal "symbolischer" Interaktion, deren Entwicklung im wesentlichen auf dem Nach-
   vollzug der Überlegungen Meads durch Parsons beruhten.

Diese Konzepte versuchten die Autoren der Working Papers nach
einem bestimmten Modell zu einer Theorie zu komponieren; als
Paradigma wählten sie dafür die Theorie, die sie für das
überzeugendste Modell einer axiomatisch-deduktiven Theorie
und eines empirisch interpretierbaren Theoriesystems hielten:
die klassische Mechanik. Wohlgemerkt: Dies bedeutete nicht
etwa, daß sie eine "mechanistische Soziologie" aufbauen oder
irgendeiner Form des "Physikalismus" (also einem wissen-
schaftstheoretischen Einheitsprogramm, dessen Name mit dem

Wiener Kreis verbunden ist) huldigten; es bedeutete lediglich, daß sie sich _formal_ an diesem Muster orientierten, als sie darangingen, das methodologische Gerüst der Handlungstheorie zu errichten. Die Annahmen, die sie in Anlehnung an das Denkmodell der Mechanik einführten, liegen auf zwei Ebenen: auf einer begrifflichen Ebene, wo Ausdrücke wie "unit", "particle" u.ä. verwendet werden, die einer "physikalischen Sprechweise" entlehnt sind, sowie andererseits auf einer aussagenbezogenen Ebene, wo es um die Formulierung gewisser grundlegender Annahmen geht:

1. eines "Trägheitsprinzips", demzufolge alle Elemente die einmal gewählte Richtung beibehalten;

2. eines "Aktions-/Reaktionsprinzips", demzufolge "Impulse", die auf das System wirken, sich in ihrer Wirkung ausgleichen, so daß insgesamt ein oszillierendes Systemgleichgewicht erhalten bleibt;

3. eines "Akzellerationsprinzips", demzufolge Wandel durch besondere Kräfte erklärt werden muß, und schließlich

4. eines Prinzips der "System-Integration", demzufolge ein System seine Identität gegenüber einer fluktuierenden Umwelt durch besondere bestandssichernde Prozesse erhalten muß.

Dieses Schema bildete den Rahmen, in dem nun sehr sorgfältig die Prozesse der Entfaltung systemischer Interaktion analysiert wurden. Dabei gelangten die Autoren der _Working Papers_ schließlich zu der Auffassung, daß diese Entwicklung einem bestimmten Phasenmuster folge, das durch das beobachtbare Verhalten, die Art der Orientierung gegenüber den Objekten der Situation und die besondere Einstellung der Aktoren (attitude) beschreibbar ist. Die Phasen wurden wie folgt gekennzeichnet:

Phase A ist eine Phase adaptativ-instrumenteller Aktivität, verbunden mit dem Streben nach maximaler _Adaptation_.

Die Orientierung gegenüber den Objekten ist gekennzeichnet durch "Universalismus" und "Performanz"; die Einstellung der Aktoren durch "Spezifität" und "Neutralität.

Phase G ist eine Phase expressiv-instrumenteller Aktivität, verbunden mit der Tendenz maximaler Bedürfnisbefriedigung. Die Orientierung gegenüber den Objekten ist gekennzeichnet durch "Performanz" und "Partikularismus"; die Einstellung durch "Affektivität" und "Spezifität".

Phase I ist eine Phase integrativ-expressiver Aktivität, verbunden mit dem Streben nach maximaler System-Integration. Die Orientierung gegenüber den Objekten ist durch "Partikularismus" und "Qualität" gekennzeichnet, die Einstellung durch "Diffusheit" und "Affektivität".

Phase L ist eine Phase symbolisch-expressiver Aktivität, verbunden mit maximaler Latenz. Die Orientierung ist bestimmt durch "Qualität" und "Universalismus", die Einstellung durch "Neutralität" und "Diffusheit"
(WP: 180 ff.)[7].

Eine "Phase" wird dabei als eine Veränderung des Systems in einem Zeitintervall verstanden, bezogen auf die verwendeten Variablen, die diese Bewegung kennzeichnen. Die Systemprobleme werden nun so interpretiert, daß es sich dabei um das Problem der Maximierung der Systembewegungen oder -impulse in jeweils einer dieser Dimensionen handelt. Da eine gleichzeitige Maximierung aller Selektionen nicht möglich ist, kommt es zu Phasenbewegungen oder Zyklen. Die beobachtbaren Verhaltensweisen sind mithin darauf gerichtet, diese Systemprobleme zu lösen (WP: 182), und sie halten durch ihre besondere Frequenz das System in der jeweiligen Phase beziehungsweise im Phasenlauf.

Versuchen wir einmal, diese schwierige Theorie durch ein
kleines Beispiel zu beleuchten: Jemand, der in eine "Peep-
Show" geht, klassifiziert die <u>Objekte</u> seiner Begierde nach
ihren <u>universellen</u> Merkmalen - jeder Körper, der ihn erregen
könnte, wird akzeptiert. ("Universell" sind also Objekte
immer dann, wenn sie als austauschbare, beliebige Elemente
einer Menge angesehen werden.) Des weiteren interessiert den
Show-Besucher nicht die Gesamtheit der Merkmale, die das
obskure Objekt seiner Begierde aufweist, sondern eine besondere Disposition: die <u>Qualität</u> als Stripperin. Die <u>Ein-
stellung</u> (des Show-Interessenten) gegenüber der Situation
und ihren Objekten ist zum einen stark selektiv, also <u>funk-
tional spezifisch</u> (auf bestimmte sexuelle Aspekte reduziert),
zum anderen <u>affektiv</u> - in dem Augenblick nämlich, wo der In-
teressent "enthemmt" dem Trieb zum Handeln nachgibt. Solange
er dagegen "ein braver Junge" bleibt und der Versuchung
widersteht, ist er "inhibiert" beziehungsweise <u>affektiv-
neutralisiert</u>. Gibt er dem Affekt nach und macht das, was
er schon immer gern wollte, dann ist das (aus der Sicht des
Beobachters) eine <u>Performanz</u> - der Aktor stürzt sich ins
Abenteuer. In diesem Augenblick entsteht folgende Konstellation:

> Wir sehen eine affektiv-enthemmte Performanz aufgrund
> funktional spezifischer Interessen des Aktors, der auf
> ein universelles Objekt der Begierde fixiert ist (das
> für ihn eine bestimmte <u>dispositive Qualität</u> darstellt).

Ganz anders der Geschäftsführer dieses kleinen Stalls: Für
ihn tritt dort nicht <u>eine</u>, sondern <u>seine</u> Frau auf - ein
"Objekt", zu dem er eine besondere, <u>partikulare</u>, Beziehung
unterhält. Die Klassifikation eines Objekts als "partikular"
erfordert also stets eine besondere Beziehung, die dieses
Objekt aus der Gesamtmenge gleichartiger Elemente ausson-
dert ("mein"... im Gegensatz zu "ein"...). Aus demselben
Grunde betrachtet der Geschäftsführer seine "belle de jour"
auch nicht unter dem Aspekt einzelner, sondern aller Quali-

täten - in ihrer ganzen biographischen Einheit, als das, was
sie insgesamt ist: sechsunddreißig Jahre, aus gutbürgerli-
chem Hause, mit Abitur und abgeschlossenem Studium (Soziologie, unglücklicherweise).

Die Einstellung des Geschäftsführers ist zwar liebevoll und
daher diffus (wenn er besoffen war, dann war er fast ein
Mensch, wie Brecht sagt), aber sie ist zugleich - im Rahmen
der Peep-Show - affektiv-neutralisiert, weil der Geschäftsführer im Verhältnis des Kunden zur Stripperin ein unbetei-
ligter "Dritter" ist, der am Handlungszusammenhang nicht beteiligt wird. Mithin kann die Konstellation des Geschäftsführers wie folgt beschrieben werden:

> durch funktional diffuse Einstellungswerte und inhibierte
> Affektlage, verbunden mit einer partikularen Beziehung
> (Ehe) zu dem (hier relevanten) Objekt mit der Summe aller
> seiner Qualitäten.

Wer dieses liebevoll gestaltete kleine Beispiel aufmerksam
zur Kenntnis genommen hat, wird die von Parsons angedeuteten
Korrespondenzen nachvollziehen können: Wir haben hier Spezifität und Universalismus, Diffusheit und Partikularismus,
Neutralität und Qualität sowie Affektivität und Performanz
verknüpft.

Die größte Schwierigkeit dürfte es bereiten, in der richtigen
Weise mit den Variablen "Performanz : Qualität" und "Affekt :
Neutralität" zu arbeiten. Parsons nimmt dabei eine interes-
sante Interpretation vor: Er geht von der Vorstellung aus,
daß die Klassifikation von Objekten einerseits, der Aufbau
von Orientierungen auf der Grundlage von Einstellungen andererseits einen Prozeß der Generalisierung darstellen - die
Organisation von symbolischen Bedeutungselementen zu komplexen Systemen. Dies berührt die Definition von "Performanz : Qualität" in folgender Weise: Die kognitive Organisation symbolischer Komponenten richtet sich in diesem Fall

danach, ob ein Ereignis (oder die Folgen aus einem Ereignis)
einem "social object" (das heißt einem Interaktionspartner)
als _intentionaler Akt_ zugerechnet werden kann oder nicht.
Wenn dies der Fall ist, so wird dieser Akt als _Performanz_
interpretiert.

Dabei nimmt das Konzept der _Performanz_ die Bedeutung einer
fundamentalen Verbindungslinie zwischen den Situationsaspek-
ten einerseits und der Motivlage des Handelnden andererseits
an. Generalisiert man nämlich, wie wir dies im Alltag alle
zu tun pflegen, die einzelnen Performanzen unserer Interaktionspartner, dann entsteht insgesamt eine Art von Muster
(pattern), das wir nicht mehr als eine Serie von isolierten
Akten, sondern als "tieferen" Ausdruck der gesamten Einstellung - als symbolische Generalisierung der "emotionalen
Ladung" (Kathexis) des Handlungskomplexes - interpretieren.
Bezieht man diese Einsicht auf die "gegenüberliegende" Motivseite, so besteht im "affektiven" Fall sozusagen "grünes
Licht" für den Aktor, seine kathektischen Interessen in Han-
deln umzusetzen; die Situation gibt ihm "freie Fahrt", seine
Motive zu verfolgen. Dagegen bedeutet der "neutralisierte"
Fall, daß zwar im Aktor kathektisches Interesse, Spannung,
Motivdruck besteht, aber die "Ampeln der Situation auf Rot
geschaltet sind".

Dies führt zu einer interessanten Interpretation mit doppelten Referenzen: Ein "Beobachter" beispielsweise, der die
Gesamtsituation überwacht, sähe in einem Fall eine "Performanz" eines Aktors, und dies müßte er zugleich als Ausdruck
einer inneren Einstellung dieses Aktors interpretieren, nämlich als Ausdruck einer "affektiven Motivlage". Der Aktor,
so muß der Beobachter folgern, sah in der Situation "grünes
Licht" für seine Ziele und handelte entsprechend.

Daraus ergibt sich logisch, daß "Neutralität" als aufgestaute
Motivationsenergie interpretiert wird, als "potentielle psy-

chische Energie", die sich zwar entladen kann, aber noch
blockiert wird. In diesem Augenblick muß der "Beobachter"
den Aktor als "Qualität" klassifizieren, als "Komplex von
Dispositionen", die freigesetzt werden können, sobald die
Situation dafür "grünes Licht" gibt.

Re-interpretieren wir in diesem Lichte unser Beispiel: Für
den Besucher der Striptease-Show besteht eine Bereitschaft,
seine noch unfixierten Begierden auf ein beliebiges "Objekt
der Begierde" zu richten; in dem Augenblick, in dem ein solches "Objekt" für ihn sichtbar wird, bedeutet dies, daß "die
Ampeln der Situation" auf "Grün" springen und er seine neu-
tralisierten Inhibitionen, die ihn bislang zwangen, seine
Motive zu unterdrücken und vor der Umwelt zu verbergen, auf-
heben kann ("discharge"). Die Motive werden _affektiv_ freigesetzt. Die Situation, die er vorfindet, ist keine Gestaltung der Stripperin, sondern diese ist vielmehr das entscheidende _qualitative_ Element dieser Situation: ein "Komplex von Dispositionen" (oder Kapazitäten). Der Aktor erwartet, daß seine eigene affektive Performanz (sein eigenes
Sich-Einlassen auf diese Situation) im nächsten Schritt diesen qualitativen Dispositionskomplex aktivieren und das gewünschte komplementäre Handeln provozieren wird.

Dieses "gewünschte komplementäre Handeln" bestünde in der ge-
schilderten Situation erwartungsgemäß in der Performanz der
Stripperin. Man sieht, wie sich hier die Vorstellung einer
Phasenbewegung entwickeln läßt: Was zuvor als "dispositive
Qualität" klassifiziert wurde, muß in der nächsten Phase der
Interaktion in eine Performanz umgesetzt werden. Die Neutralisierung des Affekts wird aufgehoben, die Phase der Anpassung geht über in eine Phase der Motivbefriedigung (goal-
gratification) usw.

Die weitere Ausarbeitung dieses Schemas, seine Anwendung auf
zahlreiche Interaktionszusammenhänge bis schließlich hin zu

einer Analyse des "occupational system" (WP: 254 ff.), bildete die Grundlage der gesamten weiteren Theoriebildung
Parons'. Es gibt - nach den grundlegenden Arbeiten der
"Monographie" (VaMOSA) und des Social System - keine andere Arbeit, der eine vergleichbare Bedeutung zukäme. Nicht
alle Definitionen, Annahmen und Begriffsbildungen werden in
der weiteren Arbeit beibehalten. Die allzu enge Anlehnung an
Modelle der klassischen Mechanik, die sich teilweise noch in
manchen frühen Formulierungen findet, wird preisgegeben oder
modifiziert. Es ist höchst bemerkenswert, was Parsons dazu
in seinem Spätwerk an Kommentierungen gibt. Aber insgesamt
bildet die Substand der Working Papers die Basis nicht nur
der nahezu endgültigen Fassung der Pattern-Variablen (die
noch einmal in dem Aufsatz "Pattern-Variables Revisited"
überarbeitet werden) und ihres Verhältnisses zu allen anderen Theorieelementen, nicht nur der berühmten "Systemprobleme" und des AGIL-Schemas, nicht nur des so ausgiebig dis-
kutierten Gleichgewichtsmodells (moving equilibrium), sondern tatsächlich aller weiteren Arbeit an der soziologischen
Theoriebildung - formal wie inhaltlich.

Die Pattern-Variablen bildeten für lange Zeit das wichtigste
Arbeitswerkzeug für Parsons. Ganz allmählich wurden sie in
ihrer Bedeutung jedoch von einem anderen methodologischen
Konzept ersetzt - dem Systembegriff. Die Einführung des
Systemdenkens vollzog sich auf dem Umweg über die funktionalistische Analyse. Bereits in den Working Papers wird zunehmend klarer, daß sich alle verwendeten Kategorien auf
einen "tieferen Zusammenhang" beziehen mußten, auf eine
- zunächst noch verborgene - theoretische Entität. Um diesen Wirkungszusammenhang in den Griff zu bekommen, begannen
Parsons und seine Mitarbeiter, ganz systematisch ein "Feld"
mit verschiedenen Dimensionen zu definieren, in dem dieser
Wirkungszusammenhang beobachtet und fixiert werden konnte.
Auf diese Weise traten neben die Pattern-Variablen andere
Konzepte, vor allem das AGIL-Schema, die dazu dienen sollten,

Dimensionen, Funktionen und Strukturbildungen von Sozialsystemen zu analysieren.

Als wichtigstes Konzept erwies sich dabei das berühmte "AGIL-
Schema", dessen Buchstaben die Systemprobleme unter funktionalen Gesichtspunkten charakterisieren: Adaptation, Goal-
Attainment, Integration, Latent Pattern-Maintenance. In der
Folgezeit ging Parsons systematisch daran zu untersuchen,
inwieweit sich Strukturbildungen generell nach diesem Schema
kodifizieren ließen. Der Begriff der "funktionalen Analyse"
bezog sich nunmehr unmittelbar auf Systeme, und es entstand
das, was rückblickend als "funktionalistische Systemanalysen"
bezeichnet werden muß.

Es ist erst durch die Analyse von Nagel, Rudner und anderen
Logikern (in Deutschland Stegmüller) präzisiert worden, was
unter dem Begriff der "funktionalen Analyse" zu verstehen
ist. Es handelt sich dabei um teleologische Systematisierungen einer besonderen Stufe, die sich auf Systeme mit zielgerichteter Organisation (ZO-Systeme) beziehen (JENSEN 1970:
80 ff.). Es wird also ausdrücklich unterstellt, daß die
Systeme des Handelns teleologische Systeme - Systeme mit
einer zielgerichteten Organisation - sind. Dies ist auch
sinnvoll, weil sie von Menschen geschaffene Systembildungen
darstellen - tatsächlich sind derartige Systeme die einzigen "echten" ZO-Systeme, die wir (auf einer nicht-techni-
schen Ebene) kennen.

Auch diese Konzeption des AGIL-Schemas wurde im Laufe der
weiten Arbeit Parsons' vielfach modifiziert und überarbeitet
und schließlich als Teilstufe einer noch einfacheren Form
der Begründung der formalen Theorieaspekte definiert. Dabei
machte Parsons von einem Konzept Gebrauch, das er bereits
in seinem ersten Werk - der Structure of Social Action - in
höchst auffälliger Weise zitiert hatte: nämlich als Motto
auf dem Vorblatt. Es handelt sich um ein Zitat Max Webers:

> *"Jede denkende Besinnung auf die letzten Elemente sinn-*
> *vollen menschlichen Handelns ist zunächst gebunden an die*
> *Kategorien 'Zweck' und 'Mittel' (Wissenschaftslehre)."*

Dieses Zitat - eine Reflexion auf das alte Zweck-Mittel-
Schema der Ökonomie und des Utilitarismus - nahm Parsons auf,
um das zu bilden, was er nunmehr "basale Dimensionen" oder
die "Grund-Dichotomien" seiner Systemkonstruktion nannte.
Die erste dieser beiden Achsen, um die es sich handelt, bezeichnete er entsprechend dem Zweck-Mittel-Schema als "instrumentell : konsumatorische Achse", für die zweite verwen-
dete er das Konzept eines "intern : externen" Gegensatz-
paares. Es handelt sich also - wie schon früher bei den
Pattern-Variablen - um einander ausschließende Gegensatz-
paare (Dichotomien), die jeweils eine "Achse" (eine vollständige Zerlegung des relevanten Gegenstandsbereichs) bilden. Die beiden Achsen werden "überkreuzt", so daß geo-
graphisch vier Felder entstehen, die - das jedenfalls will
Parsons erreichen - wiederum zu den vier Systemproblemen
(AGIL) führen.

Es ist keineswegs einfach, in der üblichen Begriffslogik
nachzuvollziehen, um welche Art der Systemkonstitution es
sich hier handeln soll. Ebenso schwierig ist es, auf der
Ebene der analytischen Systemtheorie herauszufinden, wie
diese "Achsen" mit den etablierten Konstruktionsverfahren
der Systemtheoretiker übereinstimmen. Selbst ein so gründ-
licher Kenner dieser Zusammenhänge wie Niklas Luhmann hat
diese Frage zwar deutlich gesehen, zu ihrer Lösung jedoch
keinen Vorschlag eingebracht. Die folgende Interpretation
muß daher vom Leser mit aller Vorsicht aufgenommen und
gründlich überdacht werden.

4. Die Achsen der Differenzierung

1. Beginnen wir zunächst mit dem einfacheren Paar: der
"intern-externen" Differenzierung. "Intern" sind alle Phänomene, Strukturen und Prozesse, die dem Bezugssystem,
"extern" hingegen solche, die der Umwelt zugerechnet werden. Bereits aus dieser Kennzeichnung dürfte ersichtlich
sein, daß diese "Achse" aus nichts anderem resultiert als
der Tatsache, daß wir es hier mit offenen Systemen zu tun
haben - was Parsons selbst oft genug betont hat (beispielsweise in dem hier sehr relevanten Aufsatz "Some Problems
of General Theory in Sociology" in 1977: 230).

Systeme sind "offen", wenn und soweit sie in Austauschprozessen mit ihrer Umwelt stehen. Dies ist scheinbar eine Beschreibung eines empirischen Sachverhaltes; in Wirklichkeit
handelt es sich jedoch um eine methodologische Frage: Systeme
sind nämlich Konstruktionen unseres Verstandes, es gibt in
der Realität keine Systeme, allenfalls Zusammenhänge, die
wir als Systeme interpretieren können. Bei dieser Konstruktion entsteht folgendes Problem: Ein bestimmtes Phänomen
kann entweder (in seiner Erklärung) dem System selbst zugerechnet, das heißt aus den Strukturen und Prozessen im System
erklärt werden, oder aber als exogene Größe interpretiert,
das heißt seiner Entstehung und Wirkung nach der Umwelt zugerechnet werden. Der Begriff der "Umwelt" stellt dabei
nichts anderes dar als die Summe aller nicht aus dem System
erklärbaren Faktoren, also eine Restgröße. Bei einer weiter-
gehenden Analyse ist es nämlich prinzipiell möglich, diesen
Begriff der "Umwelt" weiter in eine (endliche) Zahl von
Systemen aufzulösen, die dann als konkret bestimmte Bezugs-
systeme in die Analyse eingehen. Der Begriff der "Umwelt"
ist also - für die Systemtheorie - keine philosophische
"Hintergrundgröße", kein "Sinnhorizont", auf dem dann der
Begriff des "Systems" sinnvoll wäre (so aber regelmäßig
Niklas Luhmann, vgl. HABERMAS/LUHMANN 1971), sondern eine

nicht weiter bestimmte Restgröße, ein Aggregat unspezifizier-
ter Wirkungsfaktoren. Ein System kann nun bezüglich einer bestimmten Klasse von Faktoren offen und bezüglich aller anderen als geschlossen gelten; dies bedeutet lediglich, daß ausschließlich diese besonderen Größen (hinsichtlich derer das
System als "offen" definiert wurde) für die Analyse der Interaktion in Betracht kommen sollen, während alle anderen
möglichen Faktoren ex definitione ausgeblendet bleiben.

Da Parsons die Systeme des Handelns (hinsichtlich einer bestimmten, jedoch formal nicht spezifizierten Menge von Faktoren) als "offen" definiert, muß es definitionsgemäß sowohl
"externe" als auch "interne" Wirkungszusammenhänge geben.
Die Einführung dieser ersten Achse stellt mithin nichts anderes als eine Folgerung aus der Definition von Systemen
des Handelns als offene Systeme dar.

2. Wenden wir uns nunmehr dem zweiten, schwierigeren Problem der "instrumentell-konsumatorischen" Differenzierung
zu! Den Ausgangspunkt bildete, wie erwähnt, die alte Unterscheidung der Ökonomen zwischen "Mitteln" und "Zwecken". Die
Verwendung von Mitteln muß, wie Parsons häufig zur Erläute-
rung anführt, der Erreichung von Zwecken vorausgehen; so beispielsweise "die Vorbereitung der Mahlzeit dem Essen". Dem
steht auf der anderen Seite die Einsicht gegenüber, daß es
im menschlichen Handeln zunächst Ziele sind, die die Orientierung bestimmen, und diese Ziele stellen den übergeordneten Aspekt für die Gliederung der konditionalen Möglichkeiten
als Mittel des Handelns dar. Mithin stellt diese zweite Achse
nichts anderes dar als die Reformulierung der Tatsache, daß
wir es hier mit teleologischen Sinnsystemen zu tun haben.

So einfach das klingt, so schwierig sind die Probleme, die
sich hinter der Aussage finden, daß es sich bei Systemen des
Handelns generell um teleologische Systeme handeln soll. Die
Interpretation von Systemen des Handelns als teleologische

Systeme, das heißt als Systeme mit einer zielgerichteten Organisation, würde es nämlich erforderlich machen, Zielfunktionen zu bestimmen, gemäß denen diese Systeme funktionieren. Dieses Problem hat die gesamte funktionalistische Soziologie lange Zeit vor außerordentliche Schwierigkeiten gestellt.

Es ist eine der ganz großen Leistungen des Theorieansatzes von Parsons, daß er dieses Problem von der Frage <u>konkreter</u> Funktionsgesetze, deren Nachweis vollkommen ausgeschlossen ist (weil sie lediglich in rein technischen Bereichen ohne Wandlungsprozesse, jedoch nicht in Sinnsystemen auftreten können), befreit hat und zu der einzig möglichen Formulierung von abstrakten, analytisch bestimmten Funktionsprinzipien übergegangen ist und auf dieser Ebene das Problem tatsächlich gelöst hat.

Diese Prinzipien werden durch das Gegensatzpaar der zweiten Achse definiert, also durch das Konzept "instrumenteller" versus "konsumatorischer" Bezüge. Teleologisch gesehen handelt es sich dabei einmal um all diejenigen Strukturen und Prozesse, die sich auf die Definition von Funktionsgesetzen beziehen, unter denen sich Systemzusammenhänge zielgerichtet organisieren lassen; zum anderen handelt es sich um diejenigen Aspekte, die "instrumentell" dazu geeignet sind, jene vorgegebenenen "Regelwerte" auf ihren Sollwert zu erhalten.

Vor einer weiteren Interpretation dieser schwierigen Begriffs- und Theoriebildungsprobleme sollen zunächst einige Textstellen von Parsons zitiert werden, um ein gewisses Arbeitsfundament zu errichten. Parsons selbst formuliert das Problem folgendermaßen:

> *"...the kind of difference between system and environment which was postulated as basic to all living systems implies that within the living system itself there will be two distinctive types of mediation: mediation of external interchanges and mediation of internal combinations. This differentiation of the system along the axis of external*

*relationships to the environment and internal relations of
the components to each other is one of the two primary
axes on which the four-function paradigma is built.*

*The second axis is based upon the consideration that a
living system not only is different from its environment
in various respects at any given moment, but <u>maintains</u>
its distinctive organization over periods of time (which
need not be unlimited - witness of the phenomenon of
biological death). In circumstantial detail, the processes which maintain this distinctiveness cannot be
presumed to involve only instantaneous adjustment, but
<u>take time</u>. If a postulated state of affairs is to be
maintained in a variable environment, its underlying
conditions must be involved in processes of complex
sequence." ("Some Problems...", in SS/AT: 231)*

Niklas Luhmann hat (in seinem Aufsatz über "Weltzeit und
Systemgeschichte") dazu folgende Deutung gegeben:

*(Talcott Parsons' berühmtes Systemproblemschema)...
"setzt in der Konstruktion zwei Achsen voraus. Die eine
drückt die Differenz von System und Umwelt aus, die andere ist die Zeitachse, dichotomisiert als Unterschied
von gegenwärtiger und zukünftiger Erfüllung. Dahinter
steht, wie neuerdings klar formuliert..." (hier folgt
ein Hinweis auf den zuvor zitierten Aufsatz von Parsons:
"Some Problems...") "...die Grundthese, <u>daß die Differenzierung von System und Umwelt Zeitlichkeit produziert</u>,
weil sie eine momenthafte, Punkt für Punkt korrelierende
Erhaltung der Differenz ausschließt. Es kann nicht mehr
alles gleichzeitig geschehen. Die Erhaltung braucht Zeit
und hat Zeit. Die kritische Wirkung eines Teils der
Systemprozesse tritt erst später ein und muß auch dann
noch ein sinnvolles Umweltverhältnis finden; sonst löst
die Differenz von System und Umwelt sich wieder auf."
(LUHMANN 1975a: 104 f.)*

Was daran nicht überzeugt, ist, daß hier in Wirklichkeit
nicht von zwei Achsen der Differenzierung Gebrauch gemacht
wird, sondern nur von einer: nämlich der ersten "System/
Umwelt" differenzierenden Achse, aus der dann auch das Problem der Bildung von Zeit entwickelt wird. Selbst wenn man
diesen Gedanken akzeptieren wollte, daß die Differenz von
System und Umwelt zeitbildend wirke, so bliebe dann doch
die Funktion der zweiten Achse unbestimmt. Parsons drückt

sich jedoch anders aus als Luhmann interpretiert, nämlich
folgendermaßen:

> *"There is a fundamental basis of differentiation along the*
> *range of temporal sequence which consists in the fact that*
> *there is not a simple one-to-one relation beween condi-*
> *tions necessary for the attainment of a given goal-state*
> *and its attainment." (SS/AT: 232)*

Der Begriff der Zeit (oder der "temporalen Sequenz") wird
also vorausgesetzt und nicht abgeleitet. Darüber hinaus ist
es jedoch ganz offen ersichtlich Parsons' Auffassung, daß
die erste Achse als "system-environment" und die zweite Achse
als die "temporaler Musterbildungen" interpretiert werden
soll:

> *"In a sense, both the system environment and the temporal*
> *pattern-maintenance-goal-attainment axes are foci of*
> *continuous variation." (SS/AT: 232)*

Diese Definition der zweiten Achse mit ihrem exklusiven Bezug
auf "temporale" Musterbildungen ist jedoch unbefriedigend.
Sie ist vor allem deswegen unbefriedigend, weil Parsons'
eigene Beispiele über rein <u>zeitliche</u> Merkmale weit hinaus-
gehen und sich <u>de facto</u> auf generelle strukturelle Merkmale
beziehen.

Für diese Interpretation spricht denn auch, daß sich Parsons
in seinen folgenden Ausführungen logisch folgerichtig auf
Probleme der Teleologie, der Homöostase, dem Problem von ausgezeichneten Zustandseigenschaften, kybernetischer Mechanismen bezieht. Wir müssen also versuchen, die Interpretation
dieser Zusammenhänge über den Aspekt bloßer Zeitlichkeit hinaus zu verallgemeinern. Ausgangspunkt ist noch einmal eine
Formulierung Parsons':

> *"The differential between internal system states and those*
> *of the environment in general is not continuous but in-*
> *volves <u>boundaries</u>... In the temporal axis, there is, how-*
> *ever, a parallel in the 'turn' from a system's 'interest'*
> *in the 'stock' of instrumentally utilizable facilities,*
> *and of their consummatory utilization for specific ends.*
> *There are, then, boundaries of the meaning of temporal*

> *selection... which in certain respects correspond to the*
> *boundaries between system and environment... On one side*
> *of the boundary, processes work to produce one kind of*
> *result; on the other side, quite another kind. It is a*
> *qualitative distinction..."* (SS/AT: 233)

Versuchen wir, diese Andeutungen durch Beispiele aufzuschlüs-
seln: So ließe sich "Training" als instrumentelle Aktivität,
ein "Wettkampf" als konsumatorischer Vorgang deuten. In derselben Weise sind Vorbereitungen auf ein Examen instrumenteller Art, die Prüfung selbst ein konsumatorischer Akt. Um
schließlich noch ein drittes Beispiel zu bilden: Das allmäh-
liche Ansammeln von Bildung ist instrumentell, das Engagement an der (individuellen oder kollektiven) Lösung von Problemen konsumatorisch. All diese Beispiele weisen - über
ihren manifesten Gehalt hinaus - eine implizite Referenz auf
Zeitstrukturen auf, auf die Parsons selbst des öfteren hingewiesen hat: Instrumentelle Prozesse sind längerfristig an-
gelegte Akte, zeitbestimmte und zeitbestimmende Aktivitäten;
konsumatorische dagegen momentane, in der Zeit sozusagen
"suspendierte" Vollzüge in einem konzentrierten Gegenwartspunkt.

Alles Erleben und Handeln ist zunächst an seinen Gegenwartspunkt gebunden - es findet "hier und jetzt" statt. Systembildungen schaffen die Möglichkeit, diesen Gegenwartspunkt
auszudehnen - sowohl in räumlicher als auch in zeitlicher
Hinsicht. Die Besonderheit echter teleologischer Systeme
liegt darin, daß sie über den Gegenwartspunkt hinaus Ziele
in die Zukunft in Form von sinnvollen Visionen projizieren,
die das Erleben und Handeln steuern. "Living systems", deren
Erleben und Handeln Parsons analysiert, sind "pulsierende"
Systeme mit einem eigentümlichen Rhythmus zwischen konsumatorischen und instrumentellen Phasen. Die instrumentellen
Phasen dienen den Prozessen und Strukturen der Bestands-
erhaltung und Bestandsveränderung, die konsumatorischen
Phasen dienen der Kontrolle, Überwachung und gegebenenfalls

Neuformulierung von normativen Zustandsbedingungen im Verhältnis von System und Umwelt einerseits, im Verhältnis der Systemkomponenten zueinander andererseits.

Aus diesen Überlegungen ergibt sich, daß einerseits die "A"- und die "L"-Probleme miteinander verknüpft sind und andererseits die "G"- und die "I"-Probleme. Im ersten Fall bilden die adaptiven Prozesse die instrumentellen Mechanismen für die Anpassung des Systems und die Verwertung der Umweltressourcen entsprechend den Bedürfnissen und Interessen, die im "G"-Komplex definiert sind. Im zweiten Fall sorgen die Prozesse der Bestandssicherungen und der (strukturellen) Reorganisation im "L"-System für die instrumentellen Strukturbildungen des Systemaufbaus, in denen dann die Identität der Systembildungen über integrative Mechanismen in einer "ständigen Gegenwart" erhalten bleibt.

Eine Überkreuzung der Achsen ergibt folgendes Schema:

	Instrumentell Mittel (means)	Konsumatorisch Ziele (ends)
Extern	Adaptation	Goal-Attainment
Intern	Latent Pattern- Maintenance & Reorganization	Integration

Die Inhalte dieser Felder definieren also die funktionalen
Probleme, denen sich die differenzierten Systeme des Erlebens und Handelns gegenübersehen, die Probleme, die sie
"lösen" müssen, um den entropischen Wirkungskräften des
Universums entgegenzuwirken und den Aufbau von Ordnungs-
zusammenhängen zu erreichen. Parsons' Formulierung lautet
folgendermaßen:

> *"The logical outcome of dichotomizing on both sides of
> the two primary cross-cutting axes of differentiation
> is a four-fold classification of function. In terms of
> previously established usage, the four functions are
> referred to as pattern-maintenance (internal-means),
> integration (internal-ends), goal-attainment (external-
> ends), and adaptation (external-means)." (SS/AT: 233)*

In einer letzten Reflexion über diese Probleme, die Parsons
in dem Essay über die "Human Condition" vornimmt, klärt sich
dieses Problem der teleologischen Systeme noch einmal in der
hier schon vorweggenommenen Richtung auf: Die Differenzierung zwischen der instrumentellen und der konsumatorischen
Dimension basiert letztlich auf einem Kriterium, das zwischen
bloßer Organisiertheit einerseits, gegenüber negentropischen
Kräften andererseits, welche schöpferisch Ordnung hervor-
bringen, unterscheidet. Die instrumentellen Felder beziehen
sich demnach auf Probleme struktureller Organisation - Aufbau, Erhaltung, Veränderung von Beständen normativer Schemata.
Die konsumatorischen Zellen hingegen umfassen die Problem-
bereiche, in denen es um die Formulierung von Zielen (in
Relation zur Umwelt - "G" -) und den Aufbau der strukturellen Identität als System (in Analogie zur Entfaltung der subjektiven Identität - "I" -) geht.

Die Achsen der Systembildung kennzeichnen das Erleben und
Handeln insgesamt, sie sind die grundlegenden Dimensionen
des Prozesses der Systembildung menschlichen Verhaltens
(human symbolic behavior). Die methodologische Differenzierung dieser Achsen, ihre begriffliche Überkreuzung, ist ein

Verfahren des konstruktiven Aufbaus analytischer Systeme. Es
dient also dazu, Differenzierungsprozesse auf der Ebene der
Theoriebildung nachzuvollziehen (zu rekonstruieren), die bereits in der Wirklichkeit als wirksame Prozesse vermutet werden können. Dieser Aufgabe - ein Modell empirischer evolu-
tionärer Prozesse in "lebenden Systemen" in Gestalt eines
Aussagensystems zu konstruieren - wendet sich mithin Parsons
zu, indem er daran geht, das allgemeine System des Handelns
in seine Substrukturen zu zerlegen. Aufgrund des gewählten
methodologischen Konzepts von zwei Achsen (beziehungsweise
vier Grundkategorien) muß sich daraus notwendigerweise zunächst ein Systemzusammenhang von vier primären Subsystemen
ergeben. Diese vier Subsysteme sind (in der Reihenfolge des
AGIL-Schemas) das System des Verhaltens (behavioral system),
das System der Persönlichkeit (personality system), das
System des sozialen Handelns (social system) und schließlich
das System der Kultur (cultural system).

In dem letzten großen Essay - "A Paradigma of the Human Condition" - hat Parsons dieses Schema erneut erweitert und auf
die gesamte Lebenswelt ausgedehnt. Die wichtigsten Systembildungen, die sich hieraus ergeben, werden durch die Konzeptionen des "telic system" - der "transempirischen Realität" - und der physischen Systeme bezeichnet. Dazwischen
liegt der Bereich der Systeme des Handelns. Die physischen
Systeme sind in sich differenziert in die "physikalisch-
chemischen Systeme" als der konditionell untersten Schicht
(im Sinne einer kybernetischen Rangordnung) und dem "human
organic system" (allgemein: den biologischen Organismus-
systemen einschließlich des menschlichen Organismus, der
"biosphere"). Daraus ergibt sich folgende schematische An-
ordnung:

	Instrumentell	Konsumatorisch
Intern (relativ zur Lebenswelt des Menschen)	Telisches System	System des Handelns
Extern (zur Lebenswelt)	Physikalisch-Chemische S.	Biologisch-Organische S.

Allgemeines Paradigma der menschlichen Lebenswelt
(PARSONS 1978: 361).

Dazu schreibt Parsons:

> "(This) figure... is the simplest version of the paradigm.
> It designates only the proposed functional placing of the
> four primary categories and the two dichotomous variables,
> from the cross-classification of which the designations of
> the four cells are derived. In interpreting what we have
> done it es essential to keep in mind that in speaking in
> the sense we do of the human condition we explicitly
> assume an anthropocentric point of view. Accordingly,
> the paradigm categorizes the world accessible to human
> experience in terms of the meanings to human beings of
> its various parts and aspects. Since we are engaged in
> constructing scientific theory, the paradigm itself must
> be judged in terms of its cognitive meanings as a 'con-
> tribution to knowledge' put foreward by one set of human
> beings for consideration and evaluation by others who may
> be interested in it." (PARSONS 1978: 361 f.)

Gemäß den Regeln der Allgemeinen Systemtheorie läßt sich
jedes Subsystem methodologisch als Bezugssystem aus einem
Kontext lösen und in der Interaktion mit dem größeren Zusammenhang analysieren (der dann die differenzierte "Umwelt"

bildet). Obwohl also ein Konzept wie das des "Social System"
nichts anderes als eine analytische Dimension des Handlungs-
zusammenhangs darstellt, so läßt es sich doch für die Zwecke
einer genaueren theoretischen Untersuchung wie ein eigenständiges System behandeln. Von dieser Methode hat Parsons ausführlich Gebrauch gemacht. Dies darf jedoch nicht dazu ver-
leiten, im "Social System" das Äquivalent "der Gesellschaft"
(oder konkreter Teile einer Gesellschaft) zu sehen. Die Theorie der Sozialsysteme analysiert gewisse Aspekte der Lebenswelt - diejenigen Strukturen und Prozesse, die auf der sozialen Interaktion zwischen Menschen begründet sind, aber
dies ist nur ein Teil (und eine modellhafte Teildarstellung)
des gesamten Lebenszusammenhanges, den erst die umfassende
Theorie des Handelns insgesamt (annähern vollständig) darzustellen hoffen könnte.

5. Zusammenfassung

Fassen wir die letzten Überlegungen noch einmal zusammen:
Parsons ging aus von dem Problem, nicht beliebige empirische
Einsichten über Gesellschaft zu produzieren, sondern einen
konsistenten theoretischen Ansatz zu entwickeln, der sich
nach seiner Meinung aus einer Reihe von Theoriekonzepten
europäischer Sozialwissenschaftler gleichsam "destillieren"
ließ (Konvergenz-These) - das Schema der Handlungstheorie.
Grundlage dieses Schemas sollte ein "frame of reference"
sein - ein konstruktiver Bezugsrahmen aus Begriffen und
metatheoretischen Aussagen. Hauptelement dieses metatheoretischen Rahmenwerkes waren zunächst die Pattern-Variablen,
dann das AGIL-Schema und schließlich die "Achsen" der Theoriebildung. Diesen Konzepten gegenüber erhebt sich die Frage,
wie sie eigentlich definiert und mit welchem methodologischen Status sie ausgestattet sind.

Soweit man die Begriffspaare dieser beiden Achsen lediglich
als Dichotomien auffaßt, handelt es sich offenbar um den Versuch einer klassifikatorischen (oder qualitativen) Begriffsbildung (vgl. STEGMÜLLER 1970). Aus dem Gesamtzusammenhang
der Theoriebildung Parsons' ist jedoch klar, daß er keineswegs auf diesem vergleichsweise simplen Niveau einer bloßen
klassifikatorischen Begriffsbildung stehenbleiben wollte.
Aus diesem Grunde müssen die "Achsen" eine tiefere Bedeutung
haben.

Um diese Bedeutung zu ergründen, empfiehlt es sich, den
Systemzusammenhang, den Parsons vor Augen hat, genauer zu
betrachten. Dabei liegt es dann nahe, die "intern-externe"
Differenzierung auf das Konzept "offener Systeme" zu beziehen und die zweite "instrumentell-konsumatorische Achse" auf
das Konzept teleologischer Systeme. Bei diesem zweiten Konzept muß es sich notwendigerweise um eine Differenzierung
zwischen funktionsbestimmenden Prozessen und Strukturen einerseits sowie funktionserhaltenden Strukturen und Prozessen andererseits handeln.

Die Interpretation dieser Möglichkeiten der Zuordnung von
"Systemproblemen" zu "Systemachsen" geht davon aus, daß es
die Aufgabe der "G"-Funktion ist, Zielvorstellungen für in-
dividuelles und kollektives Handeln durchzusetzen, wobei
als "Ziele" Relationen zwischen System und Umwelt konzipiert
sind, bei denen eine optimale Erfüllung von Bedürfnissen,
ein Ausgleich der Interessen, erreicht wird.

Ähnlich wird die "L"-Funktion interpretiert: Auch hier geht
es darum, Zielfunktionen zu bestimmen, unter denen das System
insgesamt funktionieren soll. Es ist klar, daß Parsons sich
damit auf die Vorstellung von sogenannten "ausgezeichneten
Zustandseigenschaften" bezieht[8]. Er selbst sagt dazu:

> *"Among the four (functions), pattern-maintenance occupies
> a special place in that it is the focus of stability in*

both of the two main respects. It is internal rather than external, in the sense of being insulated from the more fluctuating processes of the environment, and it is associated with the long run and insulated from the continuing adjustments which the adaptive and goal-oriented processes on the part of plural units bring about in the internal subsystems. The distinctive features of this greater stability are formulated as constituting a pattern which is distinctive of this system or type of system, and which may be presented to be, or to have a tendency to be, maintained in the face of fluctuations in the relevant environmental conditions and over time.

This basic asymmetry is the main ground of the teleological character of living systems, and of the theory of living systems." (SS/AT: 233 f.)

Die beiden letzten Sätze sind von entscheidender Wichtigkeit für die gesamte Interpretation, die hier vorgenommen wurde.

Dagegen sind die A- und die I-Funktion instrumentell bestimmt, sichern also einmal die konditionale Anpassung im Verhältnis von System - Umwelt (A, bezogen auf G), zum anderen die "interne Anpassung" der Systemkomponenten im Sinne komplementärer Aufteilung an die Normen und Werte (I, bezogen auf L).

Auf diese Weise entstehen also systemtheoretisch-analytisch definierte Systemkomplexe. Diese Systembildungen stellen diejenigen Aspekte dar, aus denen der Theorierahmen zusammengefügt (konstruiert) ist. Mit anderen Worten: Die Systemkonstruktion spannt ein Rahmenwerk auf, innerhalb dessen nunmehr die empirischen Fakten angeordnet und interpretiert werden können. Diesen Prozeß hat Parsons oft auch als "Kodifikation" (des wissenschaftlichen Materials) genannt - also die Zuordnung von bestimmten empirisch-sinnhaften Komponenten zu einem formalen Interpretationsrahmen ("semantische Belegung eines Modells", SS/TA: 113).

Dieses Verfahren muß eine bestimmte Grundlage in dem Verhältnis von Wirklichkeit und Theoriebildung haben. Nach Parsons' Auffassung sind Systemtheoretiker Konstruktivisten.

Dies bedeutet, daß sie nicht auf induktivem Wege versuchen,
soviel Einzelheiten wie möglich direkt "aus der Wirklichkeit"
zu sammeln und daraus allmählich in einer Art "Puzzle" das
Bild der Realität zusammenzusetzen. Vielmehr konstruieren sie
einen formalen Aussagenzusammenhang aus einer Reihe von Begriffen und metatheoretischen Aussagenkomponenten. Dieses
<u>analytische</u> System verwenden sie dann zur Kodifikation,
Interpretation und Systematisierung empirischer Ereignisse.
Auf diese Weise entsteht das, was man als ein "empirisch
(erfülltes) Modell" der Realität bezeichnen könnte. Dieses
Modell kann in der weiteren Arbeit zugrunde gelegt und fortlaufend weiter verbessert werden.

In diesem Sinne muß man die eingeführten Systemkomponenten
als "analytische Kategorien" verstehen, nicht als Beschrei-
bungen der (sozialen) Realität.

Wir werden nun im nächsten Schritt dazu übergehen, eine Reihe
von Komponenten dieser analytischen Systemkonstruktion darzustellen.

III. Sozialsysteme und die Evolution der Theorie des Handelns

1.   Der Titel dieses Abschnitts ist nicht willkürlich ge-
wählt, sondern auf einen der beiden Sammelbände bezogen,
die Parsons kurz nacheinander im Jahre 1977 und 1978 ver-
öffentlicht hat. Bei diesen beiden Bänden handelt es sich
um

1. Social Systems and the Evolution of Action Theory sowie
2. Action Theory and the Human Condition.

Der erste Band umfaßt die Teile "Action and Living Systems",
"Functional Analysis of Societies: Reconsiderations and
Extensions"; "The Evolution and Integration of Modern
Societies". Außerdem enthält er eine Reihe von aufschluß-
reichen Kommentaren und Verweisungen auf Parsons. Der zweite
Band umfaßt die Teile "Sociology of Higher Education"; "So-
ciology of Religion" und - als wichtigsten Teil - "The Human
Condition". Auch hier sind umfangreiche Kommentare von
Parsons selbst hinzugefügt. Diese beiden Bände, die im
Grunde eine Einheit darstellen, enthalten das wichtigste
Material für die Interpretation der Theoriebildung Talcott
Parsons'. Aus der Retrospektive dieser Veröffentlichungen
- der letzten Arbeiten, die Parsons noch fertiggestellt
hat - zeigt sich, daß sich die Bedeutung einer Reihe von
zentralen Konzepten in der Zeit gewandelt hat. Dieser Wandel, der aus der stetigen Überarbeitung der Theorie folgt,
hat schließlich zu einer Konsistierung der Theoriebildung
geführt, die nunmehr in sich (wenn auch nicht ab-)geschlos-
sen ist.

2.   Als das eigentliche zentrale Thema in Parsons' Werk hat
sich aus der Retrospektive die Arbeit an der Theorie des
Handelns insgesamt erwiesen. Diesen Begriff einer "Theorie
des Handelns" muß man in einem sehr umfassenden Sinne verstehen, in einem so weiten Sinne, daß er eine Definition

einer ganzen Wissenschaftsgruppe - der Handlungswissenschaf-
ten - darstellt. Das Konzept des Handelns bezieht sich auf
"living systems". Aus vielen Hinweisen Parsons' ergibt sich,
daß er tatsächlich in den Kategorien einer ganz allgemeinen
Theorie "lebender Systeme" dachte, die zahlreiche natur-
wissenschaftlich-biologische Einsichten miteinbeziehen
sollte. Andererseits richten sich bislang die Aussagen
dieser Theorie nur auf "human living systems", noch enger:
auf menschliches Sozialverhalten.

Aus den letzten Arbeiten Parsons' - insbesondere seinem
großen Essay über die "human condition" - wird deutlich
erkennbar, daß Parsons' Theorie sich auf die Lebenswelt
des Menschen schlechthin beziehen soll. Um Parsons' Werk
richtig zu würdigen, muß man also mit diesem letzten großen
Aufsatz beginnen, aus dem heraus seine Absicht klar wird[9].

Dieses Konzept von "lebenden Systemen" einerseits, das Konzept von "Handeln" als einem abstrakten Schema andererseits sind nicht leicht zu vereinen. Parsons hat selbst an
vielen Stellen erkennbar mit zwei unterschiedlichen Konzeptionen gerungen und je nach der Reflexionslage, in der
er an diese Probleme heranging, die eine oder andere Konzeption bevorzugt. Es ist nämlich nicht möglich, den Begriff des "Handelns" unmittelbar aus dem Begriff des "Verhaltens" abzuleiten, indem man beispielsweise irgendwelche
qualifizierenden Merkmale ("sinnhaftes" Verhalten o.ä.) hin-
zusetzt. Vielmehr bildet "Verhalten" eine Klasse von Ereignissen materiell-energetischer Art für sich, wohingegen
"Handeln" als vollkommen neue Qualität definiert werden
muß. Auf dieses Problem werden wir ausführlich eingehen.

3. An all den Stellen, an denen Parsons den Begriff "living
systems" verwendet, denkt er offenbar an die empirischen Zusammenhänge der Welt, in der wir "erleben und handeln". Der
Begriff der "lebenden Systeme" bezieht sich also auf ein

empirisches System, nämlich die als System interpretierte
Lebenswirklichkeit. Demgegenüber bilden die einzelnen analytischen Systeme, die Parsons als funktionale (das heißt ana-
lytisch-systematisierende) Konzepte zur Erfassung dieser empirischen Zusammenhänge einführt, eine andere Art der Begriffsbildung. Sie gehört auf eine andere Ebene. Diese Dop-
peldeutigkeit, die aus der Vermischung von "living systems"
einerseits mit "Systemen des Handelns" andererseits resultiert, muß ebenfalls geklärt werden. Mit dieser Aufgabe werden wir zunächst beginnen. Im Anschluß daran sollten die
Probleme erörtert werden die unter Punkt 1, "Evolution des
Handelns", dieser Vorbemerkung angedeutet worden waren, und
als letzten Punkt werden wir dann die Fragen des Punktes 2,
"Lebenswelt", aufnehmen. Daran wird sich dann eine Darstellung der Entwicklung des zentralen Paradigmas - die Konzeption des "Social Systems" - anschließen.

1. Zum Begriff der "living systems"

Eine der wichtigsten Arbeiten Parsons', die zusammen mit
Edward A. Shils verfaßte Monographie[10] über "Values, Mo-
tives, and Systems of Action" (VaMoSA), beginnt mit dem
Satz:

> *"The theory of action is a conceptual scheme for the
> analysis of behavior of living organisms. It conceives
> of this behavior as oriented to the attainment of ends
> in situations, by means of the normatively regulated
> expenditure of energy."*

Hier interessiert vor allem der erste Satz:

> *"Die Theorie des Handelns ist ein Begriffsschema zur Ana-
> lyse des Verhaltens von lebenden Organismen."*

Die Einschränkung des Bezugsbereichs der Theorie auf das
Verhalten von Menschen erfolgt nur sehr allmählich und sehr
beiläufig; sie kann prinzipiell jederzeit wieder aufgehoben

und auf den weitest möglichen Bezugsbereich ausgedehnt werden. In den verwendeten Definitionen und ihren Erläuterungen
ist des weiteren kein deutlicher Unterschied zwischen den Begriffen "Verhalten" und "Handeln" erkennbar:

> *"...any behavior of a living organism might be called
> 'action', but to be so called, it must be analyzed in
> terms of the anticipated state of affairs towards which
> it is directed, the situation in which it occurs, the
> normative regulation... of the behavior, and the ex-
> penditure of energy or 'motivation' involved. Behavior
> which is reducible to these terms, then, is action."
> (TGTA: 53)*

Diese begriffliche Fassung wandelt sich im Laufe der weiteren Arbeit. Parsons erkennt deutlich die Notwendigkeit, zwischen "Verhalten" einerseits, "Handeln" andererseits zu dif-
ferenzieren:

> *"Ich ziehe den Ausdruck 'Handeln' dem Ausdruck 'Verhalten'
> vor, weil ich nicht an den physischen Verhaltensabläufen
> selbst interessiert bin, sondern an den Mustern, die sie
> bilden und in denen sie sich vollziehen, an ihren sinn-
> haften (physischen, kulturellen und sonstigen) Produkten,
> die von einfachen Alltagselementen bis zu höchst artifi-
> ziellen Gebilden reichen, sowie an den Mechanismen und
> Prozessen, die diese Strukturbildungen steuern."
> (PARSONS 1966; deutsche Fassung in JENSEN 1976: 121)*

Diese Verschiebung der Akzente in der Begriffsbildung spie-
gelt die Einsicht wider, daß "<u>living systems</u>" und "<u>systems
of action</u>" auf verschiedenen Ebenen liegen. Selbst wenn man
beide Zusammenhänge als empirische Phänomenkomplexe auffaßt,
so liegen sie auf unterschiedlichen Ebenen der Hierarchie
- "lebende Systeme" sind materiell-energetische Systeme,
"Systeme des Handelns" sind rein strukturalistische Systeme
<u>ohne</u> materielle Komponente. Vermutlich ist dies nicht ohne
weiteres einsichtig, weil "Verhalten" und "Handeln" auch in
der Alltagsauffassung so eng beieinander liegen, daß die Ausdrücke für einander substituierbar zu sein scheinen. Am
besten stellt man sich "Handeln" wie ein "Programm" vor;
eine normative Struktur, die in einer Folge von Schritten

das konkrete - physische - Verhalten steuert. In dieser Fassung wird also Verhalten ganz eindeutig mit einem physischen Vorgang, Handeln dagegen mit einem abstrakten Schema der Kontrolle (im kybernetischen Sinne) assoziiert.

Eines der heimtückischsten Hindernisse auf dem Wege zum Verständnis der Theoriebildung bilden Konzepte, die scheinbar empirischer Natur, in Wahrheit aber rein definitorischer Art sind. Dazu gehören auch die Konzepte "Verhalten" und "Handeln". Es scheint, als müsse man gleichsam "in der Wirklichkeit nachsehen", was "eigentlich" "Verhalten" ist, und in derselben Weise scheint man gezwungen, sich durch besonders genaues Hinsehen von der Differenz zwischen "bloßem" Verhalten und "echtem" Handeln zu überzeugen. Aber dies ist eine Täuschung! Was "Verhalten", was "Handeln" ist, muß durch Zuordnungsdefinitionen zu bestimmten beobachtbaren Größen <u>definiert</u>, es kann nicht selbst beobachtet werden.

"Verhalten" selbst kann nicht beobachtet werden; es handelt sich hier vielmehr um die Zuordnung eines Konzeptes zu einer Folge von Zustandsveränderungen. Angenommen, wir betrachten ein System S mit den Systemteilen (oder <u>Elementen</u>) S_1, $S_2 \ldots$, S_n. Diesen Systemteilen wird eine Klasse M von Merkmalen zugeordnet - im Idealfall metrische Größen -, so daß die Elemente eine (der Größe von M entsprechende) Zahl von Zuständen annehmen können; sie werden als Teilzustände von S bezeichnet. Jeder Teilzustand ist folglich durch die Zuordnung eines n-Tupels von Koordinaten bestimmt, die als "Teilzustandsvariablen" (variables of state) bezeichnet und durch X_{1i}, $X_{2i} \ldots$, X_{ni} symbolisiert werden können (NAGEL 1961: 411; RUDNER 1966: 90; JENSEN 1970: 80).

Dieser Ausdruck, dem man zusätzlich eine Zeitvariable t anfügen kann, so daß er die Form erhält $(X_{1i}, X_{2i} \ldots, X_{ni}, t)$, wird als die "Zustandsmatrix von S" bezeichnet. Durch die jeweils zulässige Spezialisierung[11] ergeben sich aus ihr

die einzelnen Zustände des Systems, die durch eine
S-Zustandsbeschreibung repräsentiert werden.

Der Übergang von einem Systemzustand in einen anderen, von
diesem zweiten Zustand in einen dritten und so fort, wird
als "Verhalten" des Systems interpretiert. Wir beobachten
als faktisch nicht das _Verhalten_ des Systems, sondern die
Folge seiner Zustände, ausgedrückt durch die einzelnen Zu-
standsbeschreibungen. Um den Begriff des "Verhaltens" zu definieren, ist also der Anschluß an etwas Wirkliches, an real
beobachtbaren Größen, notwendig. "Verhalten ist der Übergang
von einem Systemzustand in einen anderen" - aber diese Aussage besagt für sich allein nichts über die verwendeten Größen der Beobachtung, die sich nur durch Bezug auf die eingeführten Systemmerkmale bestimmen lassen. Empirische Erkenntnis ist durch den Umstand gekennzeichnet, daß Begriffe
nicht immer nur durch andere Begriffe definiert werden, sondern irgendwo der Anschluß an etwas Wirkliches notwendig ist.
Diese Zuordnung kann nicht durch eine Sinnanalyse ersetzt
werden, sie muß vielmehr ausdrücken, daß _dieser_ Begriff _die-
sem_ bestimmten Ereignis zugeordnet ist.

Betrachten wir ein Beispiel: Angenommen, einer Versuchsperson
würde ein Schlafmittel gegeben und dessen Wirkung mittels
einer Reihe von medizinischen Indikatoren gemessen. Hier wird
die Versuchsperson als System aufgefaßt, das - für die Zwecke
dieser medizinischen Untersuchung - aus einer Reihe von
Systemteilen (etwa den Gehirnfunktionen, dem Blutkreislauf,
den Gefäßen usw.) besteht. Diesen Systemteilen wird eine
Klasse von Merkmalen zugeordnet (wie Pulsfrequenz, Tonus,
Rhythmus der Gehirnströme und dergleichen mehr), die in
metrischen Einheiten gemessen werden können. Die System-
Zustandsbeschreibung beginnt mit dem Zustand, den die Ver-
suchsleiter durch die Erfassung aller Variablenwerte er-
mitteln (Matrixwerte für die _state-description_ zum Zeitpunkt
t_0) und den sie dann laufend fortschreiben, indem die Geräte

alle Daten über den ganzen Versuch hinweg aufzeichnen. Was
hier erschlossen wird, ist das Verhalten der VP in Abhängigkeit von einem bestimmten Stimulus oder - in systemtheoretischer Sprache - die Reaktion des Systems auf einen spezifischen Input.

In der hier entwickelten Form ist der Begriff des "Verhaltens" ein ganz allgemeines Konzept, das für alle Arten von
Systemen Verwendung finden kann. Es läßt sich nun spezifisch
auf den Bereich "lebender Systeme" beschränken - nicht etwa,
indem man den Begriff des "Verhaltens" in besonderer Weise
einschränkt, sondern einfach dadurch, daß man den als System
interpretierten Bezugsbereich entsprechend definiert
(MILLER 1971, 1972).

Wenden wir uns nun dem Konzept "Handeln" zu!

Wie schon erwähnt, entsteht der Übergang von "Verhalten" zu
"Handeln", von "behavior" zu "action", nicht etwa durch den
Zusatz irgendwelcher qualifizierenden Merkmale - etwa in der
Form: "Verhalten" ist "Handeln" dann, wenn es durch folgende
Eigenschaften bestimmt ist... Diese - auch von Parsons ur-
sprünglich (vgl. TGTA) vertretene - Auffassung ist nicht
haltbar. Das Konzept des "Handelns" liegt auf einer höheren
begrifflichen Ebene. Es richtet sich auf die Menge der norma-
tiven Schemata, die der Kontrolle des Verhaltens dienen. Der-
artige Schemata interpretiert man am besten als Programme.
Unter einem "Programm" versteht man zunächst die (eindeutige)
Anweisung für die Lösung einer Aufgabe (insbesondere für die
Lösung einer mathematisch formulierten Aufgabe auf einer
Rechenanlage (vgl. beispielsweise Georg KLAUS, Wörterbuch
der Kybernetik, Frankfurt 1969). Die Kybernetik und Systemtheorie haben diesen Begriff jedoch in viel abstrakterer
Weise gefaßt und auf sehr allgemeine Klassen von Aufgaben
ausgedehnt. Das Gemeinsame aller derartigen Programme liegt
darin, daß es sich um normative "Anweisungen", um eine vor-
geschriebene Folge von Schritten handelt, die ein System in
seinem Verhaltensablauf vollziehen soll, um einen bestimmten

Zustand zu erreichen. Der Begriff des "Programms" ist also
in dieser Fassung ausdrücklich auf den Begriff des "System-
verhaltens" und damit auf das Konzept von Systemzuständen bezogen, und zwar so, daß es sich um ein kybernetisch über-
geordnetes Konzept der <u>Steuerung von Verhalten</u> handelt.

Die Begriffe "Erleben" und "Handeln" werden als Teilklassen
der allgemeineren Begriffsbildung von "Programmen" aufgefaßt
und spezifisch auf "menschlisches Verhalten" bezogen. Demzufolge sind "Erleben" und "Handeln" spezifische Programme,
die dazu dienen, menschlisches Verhalten zu steuern.

Der Begriff des "Erlebens" wird hier dem des "Handelns" ganz
bewußt hinzugefügt. Sowohl in der deutschen Literatur als
auch in der internationalen Auseinandersetzung mit der Handlungstheorie darf diese Konzeption - auch wenn Parsons sie
nicht expressis verbis verwendet hat - als akzeptiert gelten.

In der deutschen Literatur wurde der Doppelbegriff von
Luhmann thematisiert (beispielsweise in dem Text von
HABERMAS/LUHMANN 1971: 75 ff., 202 ff., 305 ff.). In die
Parsons-Diskussion wurde das Konzept ausdrücklich von
LOUBSER (1976: 248) übernommen; nämlich als Zurechnungs-
schema, nach dem die betrachteten Ereignisse entweder
der Welt (Erleben) oder dem Handelnden (Handeln) zuzurech-
nen sind.

Luhmann gibt uns folgende Erklärung:

> *"Mit Hilfe des systemtheoretischen Ansatzes läßt sich zu-
> nächst in anderer Weise als bisher üblich Erleben und Han-
> deln unterscheiden. Unter Erleben verstehen wir den der
> Selbsterfahrung zugänglichen Bewußtseinsprozeß, sofern
> dessen Selektivität nicht dem selektierenden System, son-
> dern seiner Umwelt zugerechnet wird. Zurechnung von Selek-
> tivität (und damit Konstitution von Erleben und Handeln)
> ist nur möglich auf Grund einer bewußt gehaltenen, stabi-
> lisierten Differenz. Dies erfordert simultane Präferenz
> (mindestens) zweier Ebenen - zum Beispiel des Möglichen
> und des Wirklichen, des Gegenwärtigen und des Nichtgegen-*

wärtigen, des Bekannten und des Unbekannten usw."
(LUHMANN 1975a: 104)

"Natürlich sind an allem Geschehen immer System und Umwelt
kausal beteiligt. Alle Zurechnung läuft auf ein künstli-
ches Zurechtstutzen von Kausalannahmen hinaus und ist in-
sofern konventionell, das heißt selbst kontingent. Sie
kann durch Reduktion kausaler Komplexität Zurechnungs-
schwerpunkte wählen, und dies in zweifachem Sinne: im
(eigenen bzw. fremden) System oder in der (eigenen bzw.
fremden) Umwelt. Um Kurzbezeichnungen verfügbar zu haben,
sollen Selektionsprozesse, die in diesem Sinne auf Systeme
zugerechnet werden, Handeln genannt werden und Selektions-
prozesse, die auf Umwelten zugerechnet werden, Erleben."
(LUHMANN 1975a: 175)

2. Handeln als "Programm"

Im technischen Sinne ist ein "Programm" eine Arbeitsanweisung
für eine Datenverarbeitungsanlage zur Lösung einer bestimmten
Aufgabe. Dafür werden besondere Programm- (oder Programmie-
rer-)Sprachen verwendet (also ein Repertoire von Symbolen,
der Code, zusammen mit Vorschriften darüber, wie die Symbole
zu sinnvollen Mitteilungen zu kombinieren sind). Dieses Konzept einer "eindeutigen Anweisung für die Lösung einer Aufgabe" kann systemtheoretisch so verallgemeinert werden, daß
es auch menschliches Sozialverhalten (Handeln) umfaßt.

Dies führt dazu, auch Systeme des Handelns als derartige
Programme zu betrachten. Die Aufgabe, die sie zu lösen haben,
besteht in der Reduktion von Komplexität. Ohne jeden Anspruch, diesen Begriff hier erklären zu können, sollen dazu
kurz folgende Hinweise gegeben werden:

Komplexität ist definiert als Eigenschaft von Systemen. Sie
wird bestimmt durch die Art und Zahl der zwischen den Elementen bestehenden Relationen (dies wäre sozusagen der "Schalt-
plan", das "Schaltgefüge" des Systems). Je komplexer ein
System ist, desto mehr Möglichkeiten bestehen für die Verarbeitung der Inputs, die vom System aufgenommen, verarbei-

tet, gespeichert, kombiniert und zu Outputs transformiert
werden können. In einem einfachen Bild ausgedrückt: Ein komplexes System enthält "tausend mögliche Wege", ein einfaches
System nur einen oder wenige Pfade[12].

Befindet man sich in einer Situation, die insgesamt als ein
(sehr) komplexer Systemzusammenhang interpretiert werden kann,
so kann eine mögliche Strategie zur Bewältigung einer solchen
Situation darin bestehen, ebenfalls komplexe Verhaltensmuster
aufzubauen ("requisite variety", Ashby), um der Komplexität
des Systems zu begegnen. Einen solchen Aufbau von Eigenkom-
plexität (eines betrachteten Bezugssystems) relativ zur Komplexität der Umweltsysteme kann man als Erklärung für den Begriff der "Reduktion vom Komplexität" ansehen. Reduktion von
Komplexität ist also keine "Vernichtung" oder kein "Abbau"
von Systemkomplexität, sondern das "Auffangen" dieser Vielfalt an systemischen Möglichkeiten durch die Zuordnung von
"requisite variety" eines anderen Systems (des Bezugssystems).

Luhmann hat an vielen Stellen dieses Problem der Komplexität
als ein Verhältnis von Welt und Systembildung in der Welt
thematisiert. Sein Ausgangspunkt war dabei regelmäßig, daß
die Welt eine unbegrenzte Komplexität besitzt. Jede Thematisierung von Weltproblemen ist als Bildung einer "Innenwelt"
des Menschen zugleich die Bildung neuer Horizonte, auf der
sich die unbegrenzte Komplexität der Welt vergrößert
(LUHMANN 1970: 116). Dies sind - auch bei Luhmann - keine
logischen Erklärungen, sondern intuitive (aber deswegen
gewiß keine unzulässigen) Formulierungen, die man in einer
bestimmten Reflexionslage nachvollziehen kann.

Parsons interpretiert dieses Problem viel weniger spekulativ.
Er ist in seiner Arbeit sehr pragmatisch und vorsichtig. Nach
seiner Auffassung ist das Problem der Komplexität ein Problem
zwischen Systemen (oder zwischen System und Umwelt, wobei
diese Umwelt prinzipiell wieder in Systemzusammenhänge auf-

gelöst werden kann). Parsons' Verständnis des Begriffes "Komplexität" läßt sich durch eine Textstelle belegen, in der er diesen Begriff - zusammen mit dem der "Regulation" - zur Kennzeichnung der Natur von "living systems" verwendet; er bezieht sich dabei auf HENDERSON (1913):

> *"Henderson presented a very general treatment of the nature of living systems on the assumption that they were set off by boundaries from their environment. The human skin is such a boundary. In Henderson's own phrasing, these systems presupposed, first, complexity, by which he meant the potential for high degrees of differentiation among the components which came to constitute such systems. The second property, regulation, was defined along lines worked out by the French physiologist Claude Bernard, by Henderson himself, and by his contemporary, Walter B. Cannon. An example of regulation, stressed by Cannon, was the maintenance of a constant body temperature..."*
> *(1977: 118 f.)*

In dieser Auffassung, der hier gefolgt wird, bilden die Systeme des Handelns ihre eigene Binnenkomplexität in Abhängigkeit von den Beziehungen mit der Umwelt aus. Die Entfaltung von Handlungssystemen kann daher als eine Strategie verstanden werden, die Menschen im Laufe ihrer anthropologischen, sozialen und kulturellen Evolution (in einem ganz umfassenden und pauschalen Sinne) ausgearbeitet haben, um mit der Welt, in der sie leben, umgehen zu können. Mit einem Wort: Der Aufbau von Handlungssystemen kann als ein Prozeß der Reduktion von (Umwelt-)Komplexität durch Entwicklung der requisiten Eigenvarietät interpretiert werden.

Ein Beispiel soll dies - natürlich nur auf einer ganz simplizistischen Ebene - verdeutlichen: das morgendliche Verhalten eines Menschen - Abbruch der Schlafperiode durch den Wecker (der zur rechten Zeit, dennoch viel zu früh, ertönt), Morgentoilette mit Kaltwasserdusche und Zähneputzen, Frühstück eines Morgenmuffels mit Kaffee/Brötchen/Zeitunglesen usw. - ist nicht nur ein körperlicher Ablauf mit allerlei physiologischen Reaktionen, sondern - unter <u>kybernetischen</u> Aspekten -

ein <u>normativ</u> durch soziokulturelle, motivdynamische und kör-
perbezogene Sollvorschriften geregelter Aktionsprozeß. Der
Soziologe - allgemein: Handlungstheoretiker - ist an den
physiologischen Abläufen (im Gegensatz etwa zum Arzt, Biologen...) überhaupt nicht interessiert, so wenig wie an
der Zusammensetzung der Atemluft, der baulichen Beschaffen-
heit der Lebensräume oder der klimatischen Faktoren, unter
denen sich diese Abläufe vollziehen. Vielmehr stehen im
Mittelpunkt seines Interesses die Struktur und Wirkungsweise
eben jener Schemata, die sinnhaft all die beobachtbaren Einzelheiten dieser Situationskette koordinieren.

Es kann einerseits kein Zweifel daran bestehen, daß Parsons
diesen eigentlichen Bezugspunkt sozialwissenschaftlicher
Theoriebildung vollkommen deutlich gesehen hat. Andererseits
hat Parsons ebensowenig Zweifel daran gelassen, daß die von
ihm intendierte Theorie des Handelns keineswegs <u>nur</u> die Ebene
des Handelns - in dem zuvor definierten kybernetischen Sinne:
als Klasse von Programmen - umfassen sollte. Vielmehr soll
diese Theorie ganz ausdrücklich die Ebene des Verhaltens mit
umfassen:

> *"If 'social' science, which I prefer to categorize more*
> *generally as that of 'action', was to find a real place*
> *in modern cultural development, it <u>had to</u> come to terms*
> *with this knowledge of the organic world, especially*
> *since Darwin. The story is one of skittish ambivalence,*
> *sometimes 'overidentification' in attempting to treat*
> *human action as simply a 'special case' of the organic,*
> *sometimes avoiding altogether the statement of any*
> *significant relation." (SS/AT: 5,6)*

Es kann hier offenbleiben, inwieweit viele Formulierungen
Parsons selbst eine "Überreaktion" darstellen, die Folge
der plötzlichen Entdeckung eines "blinden Flecks" seiner
Theoriesicht. Dieser "blinde Fleck" der Theorie ist der
Mangel an Reflexion über die Interaktion zwischen "Verhal-
ten" und "Handeln" in der Grenzzone zwischen Organismus und
Persönlichkeitsstruktur. Einerseits determinieren nämlich

die biologischen Bedingungen des Organismus das Verhalten
keineswegs, andererseits nimmt aber erkennbar die Gestaltung
des Verhaltens durch die normativen Schemata des Handelns
sehr weitgehende - wenngleich psychisch, sozial und kulturell überformte - Rücksichten auf diese organischen Bedürfnisse. Beispielsweise geben wir keineswegs den organisch-
biologischen Schlaf- oder Nahrungsbedürfnissen in einer
"selbstverständlichen" oder "natürlichen" Weise nach, sondern modifizieren sie in einem oft ganz erheblichen Maße
nach psychischen oder sozialen (und kulturellen) Gesichtspunkten. Aber für die Art und den Umfang solcher Modifika-
tionen gibt es deutliche Grenzen, die nicht ohne Schaden
für den Organismus überschritten werden können. Dies ist
ein Hinweis auf die Interaktion zwischen Verhalten und
Handeln.

Parsons wirft sich in den späten Veröffentlichungen vor,
diese Interaktion lange Zeit überhaupt nicht berücksichtigt
zu haben - trotz seines großen Interesses an biologischen
und medizinischen Fragen, trotz seiner engen Beziehung zu
einem bedeutenden Wissenschaftler seiner Zeit, der sowohl
biologische als auch soziale Aspekte in seinem Werk klar
thematisierte, nämlich W. B. Cannon:

> *(Unsere frühe Arbeit in den fünfziger Jahren)... "was,
> however, seriously incomplete, in an important degree
> because the relation of the level of action to that of
> the organism, or more generally what we call the bio-
> logical level, had not been satisfactorily worked out.
> At the time of* Toward a General Theory of Action *this
> problem was simply not faced at all, but a system of
> action was conceived as involving three subsystems:
> social, cultural, and personality systems. This was
> in spite of the fact that I had at that time paid
> considerable attention to the relevance of biological
> to social thinking, e.g., of W. B. Cannon's conception
> of* homeostasis.*
>
> The clarification that has proved to be necessary
> occured in two main stages. The first was stimulated
> by the emergence of the four-function paradigm in the
> 1950s and its suggestion that the organic component,
> at the individual 'phenotypical' level, could well*

*fit in as a fourth primary functional subsystem of the
general system of action, defined not as the total organism but as an analytically defined part of it, the
'behavioral' organism.*

*This solution of the problem was provisionally so satis-
factory that it persisted for a number of years. Its
substantial revision was precipitated by two develop-
ments. The first was the reading of a manuscipt, pub-
lished only now in 1976, by Charles and Victor Lidz[13],
which proposed that the adaptive subsystem of action
should not be conceived to overlap with the organic,
but to be nonorganic and to comprise primarily the
structuring of cognitive functions at the action level,
leaning heavily on Piaget's formulations in this area.
This suggestion proved, after careful considerations,
to be acceptable to me, but its acceptance and the de-
velopment of its implications have barely begun to see
the light of publication.*

*The other influence came from a developing interest in
and sophistication about certain central problems of the
nature of biological theory in its relations to the theory
of action. This background led to a serious reconsidera-
tion of the nature of the organic world and its relation
to that of human action. This in turn was stimulated by
a renewed interest in the problem of evolution..."*
(SS/AT: 4,5)

Die Probleme, die Parsons in diesem Text aufwirft, sind damit noch keineswegs geklärt. Es bleibt unklar, ob Parsons
eine Theorie des Handelns oder eine viel umfassendere Theorie "lebender Systeme" ins Auge faßt. Auch der Schlußband
der Aufsatzsammlungen, der von dem großen Essay über die
"Human Condition" beherrscht wird, gibt darüber letztlich
keine Auskunft. Immerhin zeichnet sich darin deutlich erneut
eine Verlagerung der Interessen Parons' ab, die von der Biologie und von dem Problem einer verhaltensbezogenen Theoriebildung wegführen und sich statt dessen den "letzten" und
"eigentlichen" Fragen des menschlichen Lebens zuwenden, die
in ihrem Kern philosophische und religiöse Probleme sind.

Mit Sicherheit reflektiert der Wandel in Parsons' Kategorien
zumindest das eine: daß es eine Theorie des Handelns, <u>los-
gelöst</u> von dem Bezugssystem des Verhaltens, sinnvollerweise

nicht geben kann. Die Theorie des Handelns ist notwendig ein
Bestandteil der sehr viel allgemeineren Theorie "lebender
Systeme", insbesondere dann, wenn es primär um "human living
systems" geht. Darüber hinaus wird aus den Kommentaren
Parsons' zur Entwicklung seiner Arbeiten auch ersichtlich,
daß eine deutliche begriffliche Trennung zwischen den
"living systems" einerseits und solchen Konzepten wie "Verhaltenssystemen" sowie "Systemen des Handelns" andererseits gezogen werden muß. "Verhalten" ist eine Eigenschaft
von Systemen; Verhaltenssysteme selbst sind Prozesse, die
als System interpretiert werden. Dasselbe gilt von dem Konzept der "Systeme des Handelns". Weder kann es sich dabei
um "lebende Systeme" handeln (obwohl Parsons derartige Formulierungen gelegentlich verwendet hat) noch kann es sich
dabei um empirisch beobachtbare Zusammenhänge handeln;
Systeme des Handelns sind vielmehr kybernetische Strukturen, die sich als normative Konzepte ("Programme") auf
die Steuerung von Verhaltensprozessen beziehen.

3. Erleben und Handeln, Zusammenfassung

Der vorangegangene Abschnitt hatte eine zentrale Aufgabe: Er
sollte die Unterschiede zwischen "lebenden Systemen", zwischen "Verhalten" und "Verhaltenssystemen" sowie die Abgrenzung dieser Konzepte gegenüber dem des "Erlebens" und "Handelns" klären. In einer Zusammenfassung läßt sich dazu folgendes sagen:

1. Der Begriff der "lebenden Systeme" - auch wenn der Ausdruck eine viel umfassendere Interpretation nahelegt - bezieht sich bei Parsons in erster Linie auf "human living
systems", auf Menschen als biologische Organismen. Menschen
als biologisch-organische Systeme weisen - auf der Basis
ihrer biologischen Verwandtschaft mit den höheren Tier-
arten - ein bestimmtes Verhalten auf, das jedoch keines-

wegs allein biologisch bestimmt ist, sondern allenfalls
durch die biologisch-organischen Konditionen begrenzt ist,
die im Sinne von Rahmenbeschränkungen wirken: etwa der der
Lebenserwartung; der organischen Ausstattung im Hinblick
auf die Möglichkeiten, der Umwelt Lebensstoffe zu entneh-
men; in der Gehirnkapazität mit der Fähigkeit der Aufnahme
und Verarbeitung von Information usw. Das Konzept der
"human living systems" bezieht sich also auf den Problemkreis, der (in unserem Sprachraum) heute im wesentlichen
von der naturwissenschaftlichen oder <u>physischen Anthropo-
logie</u>, ebenso wie von der biologischen Verhaltensforschung
(Ethologie), thematisiert wird (vgl. Fischer-Lexikon
<u>Anthropologie</u>, Frankfurt 1959).

Darüber hinaus ist der Begriff der "living systems" auch auf
Zusammenhänge angewendet worden, die von Menschen in ihrer
sozialen Interaktion aufgebaut worden sind: auf Gruppen, Kol-
lektive und noch umfassendere soziale Gemeinschaften. Eine
solche Begriffserweiterung ist im strengen Sinne nicht haltbar. Der biologische Begriff des "Lebens" ist auf diese Zusammenhänge nicht anwendbar, seine Verwendung ist in diesem
Falle eine Allegorie, aber keine exakte Bezeichnung. Vgl.
James G. Miller: "General systems behavior theory is concerned with seven levels of living systems - cell, organ,
organism, group, organization, society and supra-national
systems" (in: HÄNDLE/JENSEN 1974: 62). Diesen Sprachgebrauch
weisen wir hier ausdrücklich als irreführend zurück. Alle
dauerhafteren Formen sozialer Beziehungen zwischen Menschen,
die von der Soziologie typisiert werden können, haben kein
"Leben" im biologischen Sinne. Vielmehr handelt es sich um
"historische Individuen" wie beispielsweise "den preußischen
Staat", dessen systematische Beschreibung von völlig anderen
Kategorien Gebrauch macht, als sie die Ethologie verwendet.

2. Der Begriff des "Verhaltens" wurde ausdrücklich als Prozeß der Zustandsveränderung definiert und durch eine Zuord-

nungsdefinition auf die Analyse von Zustandsvariablen bezogen. Verhalten ist also ein Transformationsprozeß von Systemwerten. Wir beobachten nicht dieses Verhalten direkt, sondern seine Auswirkungen, die wir anhand der Veränderung von Meßgrößen registrieren.

Ein Beispiel dafür ist die Erwärmung eines Körpers: Diese Veränderung lesen wir auf einer Temperaturskala ab - im Fall "lebender Systeme" auf einem Fieberthermometer. Möglicherweise stellen wir darüber hinaus noch andere Beobachtungen an, etwa über die Gesichtsfarbe (Rötung der Stirn, bei gleichzeitiger Blässe der Wangen) oder - in einem physikalischen Beispiel - die Konsistenzveränderung eines Stoffes (feste, flüssige, gasförmige Phase).

Der Begriff "Verhaltenssysteme" ist in sich doppeldeutig: Er kann einerseits eine Kennzeichnung eines Systems darstellen, mit dem Ziel, die Verhaltenseigenschaften dieses System ins Bewußtsein zu heben ("Menschen sind Verhaltenssysteme"); er kann andererseits auch die Interpretation von Verhaltensketten oder Verhaltensereignissen als _Systeme_ suggerieren. In diesem Fall soll ausgedrückt werden, daß die einzelnen Verhaltensakte (ausgedrückt als Übergang des Systems aus einem in den jeweils folgenden Zustand - wie immer diese konkret definiert sein mögen) nicht als diskrete Einzelfälle aufzufassen sind, sondern als eine systematisch verbundene, voneinander abhängige Folge von kontinuierlichen Abläufen. Diesen Fall werden wir weiter unten wieder aufnehmen.

3. Zum Begriff des "Handelns" wurde herausgestellt, daß es sich hier um ein Konzept auf einer hierarchisch höheren Ebene handelt. Die Konzepte "Erleben" und "Handeln" werden am besten in Parallele zum Begriff des "Programms" interpretiert, das heißt als normative Anweisung zur Lösung von Problemen definiert. Um welche Probleme geht es dabei? Das grundlegende Problem besteht darin, daß dem Menschen aus

anthropologischer Sicht die "innate organizers", die ange-
borenen, biologisch-organischen Mechanismen zur Organisation
des Verhaltens in Abhängigkeit von den Umweltreizen, fehlen.
An die Stelle organischer Auslöser von schematischen Verhal-
tensabläufen treten sozio-kulturelle Schemata: "Programme
für Verhalten". Eben diese normativen Schemata werden mit
dem Konzept des "Handelns" bezeichnet. Diesem Konzept haben
wir uns nunmehr ausführlich zuzuwenden. Dabei werden wir
zweckmäßigerweise mit den anthropologischen Grundlagen, auf
die sich bereits eine Reihe von Bemerkungen bezog, beginnen.

4. Anthropologische Grundlagen

Parsons gibt nur wenige Hinweise auf die anthropologischen
Grundlagen seiner Konzeption (zum Beispiel SS: 32 f. über
Plastizität und Sensibilität). Das menschliche Erleben und
Handeln ist zunächst von biologisch-organischen Bedürfnissen
bestimmt, wie das anderer Lebewesen auch. Demgegenüber war
es bereits das Programm Herders und die Arbeit Schelers, die
Eigenart der menschlichen Leistungen durch Vergleich mit
der Organ- und Instinktausstattung des Tieres und seiner
Welt zu bestimmen. Scheler hat vor allem die "Weltoffen-
heit" des Menschen als entscheidendes Merkmal hervorgehoben.
Von biologischer Seite wurde dies ergänzt durch Einsichten
in das "Freiwerden der Hände durch Werkzeuggebrauch"
(Alsberg 1912), die Unspezialisiertheit seiner Organe
durch Fixierung auf vergleichsweise frühe phylogenetische
Entwicklungsstadien (Bolk 1926) oder als "normalisierte
Frühgeburt" (Portmann 1944). Es tritt also eine Reihe von
spezifischen Zügen hervor. Diese Züge entstehen teilweise
durch das Fehlen von Merkmalen anderer Lebewesen, sind
also insoweit negativ bestimmt: organische Mittelosigkeit
(gemeint ist das Fehlen spezialisierter Angriffs-, Schutz-
und Fluchtorgane; der Mangel an Sinnen mit bedeutender
Leistungsfähigkeit); Primitivität oder "Retardation" der

menschlichen Baumerkmale unter entwicklungsgeschichtlichen
Aspekten (eine These des Zoologen Bolk); die Unspezialisiertheit. Diese Erscheinungen haben bereits Herder dazu
geführt, vom Menschen als einem "organischen Mängelwesen"
zu sprechen. Als solches wäre der Mensch in jeder natürlichen Umwelt überlebensunfähig. Er muß sich handelnd eine
zweite Natur, eine künstliche, kulturelle Lebenswelt schaffen.

Auf der anderen Seite läßt sich dies durch eine Reihe von
positiven Bestimmungen ergänzen, die die besondere Stellung
des Menschen in der Welt charakterisieren. Dazu gehört vor
allem die (auch von Parsons betonte) Plastizität des Organismus, also die Fähigkeit, sich überaus unterschiedlichen Le-
bensbedingungen anzupassen, und vor allem: passende Lebens-
bedingungen zu schaffen; dazu zählt die ausgeprägte Entwicklung des Gehirns (dessen Fähigkeit gemäß einer spekulativen
These noch immer erst zu einem Bruchteil ausgenutzt ist; vgl.
ORNSTEIN 1976); die Fähigkeit der Sprachentwicklung und der
schon von Scheler in dem allgemeinen Begriff der "Weltoffenheit" angesprochene Zug.

Eine der wichtigsten Folgen dieser Anlage des Menschen ist
ein Phänomen, das am besten als "Reizüberflutung" bezeichnet
werden kann. Systemtheoretisch (oder kybernetisch) betrachtet ist der Mensch ein System, das aufgrund seiner Rezepto-
renstruktur weitaus mehr Signale (Reize) aus seiner Umwelt
aufnehmen kann (und muß) als je verarbeitet werden können.
Das Fehlen zahlreicher biologischer Mechanismen (Reduktion
des Instinktkomplexes) im Verein mit Weltoffenheit und
Plastizität sowie Sensibilität des Menschen führt dazu, daß
der Mensch ständig organisch überbelastet wird. Dies bedeutet, daß das Überleben davon abhängt, die fehlenden biologischen Abblendmechanismen durch "künstliche", das heißt
kulturelle Selektionsmechanismen zu ersetzen. Es muß also
notwendigerweise zu einer kulturellen Überformung des bio-

logisch-organisch bestimmten Verhaltens durch eine "Dehnung der Funktionskreise" kommen - zwischen der Umwelt auf der einen Seite und das Verhalten auf der anderen treten kulturelle Zwischenglieder. Diese erfüllen die entscheidenden selektiven Funktionen. Sie steuern das Erleben und Handeln des Menschen.

Die wichtigste Rolle bei diesem Prozeß der kulturellen Überformung des Verhaltens und der "Dehnung der Funktionskreise" spielt der Aufbau von "internen Modellen der äußeren Welt". Alles organische Leben ist in der Lage, soweit es überhaupt zum Überleben fähig ist, Gleichgewichtslagen in den Austauschprozessen mit der Umwelt herzustellen, also ein Spannungsgefälle zwischen dem vitalen Bedarf und der lebensnotwendigen Bedürfniserfüllung auszugleichen (Fließgleichgewicht). Selbst noch die höheren Tierformen vermögen diesen Ausgleich immer nur kurzfristig unter dem Druck der akutalen Situation herzustellen, jedenfalls soweit es sich um die höheren Organisationsformen der intelligenten Anpassung handelt. Dabei bleibt das Tier an seinen unmittelbaren Umgebungsraum gebunden, der Teil einer artspezifischen Umwelt ist. Dabei werden zahlreiche arteigentümliche Verhaltensmuster und Orientierungsweisen entwickelt, die bereits auf Lernleistungen (oft sehr langfristiger Art) beruhen können.

Aber erst auf der Stufe des Menschen entfalten sich instinktentlastete und von einem unmittelbaren Bedürfnisdruck befreite Orientierungssysteme, die auf einer symbolischen Interpretation der wechselseitigen Austauschprozesse zwischen dem menschlichen Organismus und seinem Lebensraum beruhen. Der menschliche Organismus ist nicht nur ein materiell-energetisch "offenes" System, das in Austauschprozessen mit der physischen Umwelt steht (Metabolismus; Fließgleichgewicht). Er ist darüber hinaus eine "informationsaufnehmende, -verarbeitende, -speichernde und -übertragende Funktionseinheit" (STACHOWIAK 1965: 3, 1973: 67 f.).

Die Fähigkeit beruht erkennbar auf dem Prozeß der Sprachbil-
dung, also dem Aufbau von semantischen Kommunikationssyste-
men. Dies bedeutet, daß Verhaltensformen nicht unmittelbar
in Reaktionen auf den körperlichen Bedürfnisdruck und/oder
die Umweltreize ausgebildet werden (Auslöser), sondern
durch Symbole repräsentiert werden, die insgesamt zu einem
System verknüpft werden. Auf diese Weise entstehen symbolische Modelle der Welt, die eine doppelte Kodifizierung der
Wirklichkeit darstellen - sowohl der Außenwelt als auch der
"inneren" Erlebniswelt. Hinzu tritt als wichtiger Gesichtspunkt, daß diese Außenweltmodelle nicht individuell, sondern in der Gemeinschaft der Gruppe aufgebaut werden. Faßt
man diese Gesichtspunkte zusammen, so ergibt sich, daß der
Mensch in seiner Lebensgemeinschaft nicht direkt von der
Umwelt und biologisch-organischen Systemstruktur, sondern
die Aufnahme dieser Inputs von der Struktur sozial konstituierter, semantischer Orientierungsmodelle abhängig ist.
Individuell bedeutet dies, daß in jedem Menschen über Lern-
prozesse ein operatives Zentrum aufgebaut wird, das das
operationale Denken ermöglicht. Sozial hat dies zur Folge,
daß über die gesamte Gemeinschaft hinweg bestimmte Typen
von internen Außenweltmodellen verfügbar sind, über die
sich die Verständigung im Erleben/Handeln über die Welt
vollzieht.

Als Zusammenfassung der anthropologischen Notizen läßt sich
folgendes sagen: Erleben, operatives Denken, Handeln sind
nur verständlich, wenn man sie auf die Entwicklung des Funk-
tionskomplexes bezieht, der hier als die "Bildung von Außenweltmodellen" bezeichnet wurde. Es ist dieser Funktions-
komplex, dessen langer evolutionsgeschichtlicher Aufbau als
gemeinschaftliche Leistung menschlicher Stammesgruppen die
ursprüngliche "Umwelt" und Funktionseinheit von "Organismus -
Umwelt" aufbricht und in eine "Welt" des Menschen umformt.
Auf dieser Ebene der Betrachtung erweist sich die Bildung
von internen Umweltsystemen als Aufbau eines komplexen Kul-

tursystems, das das soziale Handeln sowie das individuelle
Erleben, die Motivdynamik sowie die verhaltensbezogenen Elemente des Handelns normativ prägt.

Wir müssen diesen Gedanken nun auf das Konzept von Erleben
und Handeln sowie die Bildung von Systemen des Erlebens und
Handelns übertragen. Ausgangspunkt dafür ist das System der
Orientierungen, das die verfügbaren Komplexe der symbolischen
Musterbildungen bieten. In ihnen ist der einzelne Mensch als
erlebendes/handelndes Individuum in eine Position "exzentri-
scher Positionalität" (Plessner) eingebettet und mit allen
anderen Objekten seiner Umwelt verknüpft. Aus dieser Verknüpfung resultiert dann konkret die Situation, die individuell
als "Situation des Erlebens/Handelns" bestimmt wird. Diese
Situation und das System der Orientierungsmuster - also die
"reale Außenweltsituation" einerseits und die "ideelle Be-
wußtseinslage" andererseits - bilden dann die Konstellation,
die Erleben/Handeln generieren.

"Erleben" und "Handeln" als Konzeptualisierungen der aktiven
Weltbewältigung des Menschen entspringen dem Druck dieser
Lebenssituationen, die dazu zwingen, bestimmte Selektionen
- die freilich auf einer rein biologischen Basis eben gerade
nicht bestimmt werden können, sondern _unbestimmt_ blieben -
durchzuführen. Die Konzeption der Theorie des Handelns geht
also davon aus, daß jede Lebenssituation eine gewisse Span-
nungslage erzeugt, die zu Selektionen - das heißt zu einem
spezifischen Erleben/Handeln - zwingt, um in eine "Gleichgewichtslage" zurückzufinden ("Fließgleichgewicht"; "steady-
state-conceptions"; "moving equilibrium" usw., vgl. beispielsweise ASHBY 1961, 1964).

Auf dieser Basis definieren wir also Handeln als kybernetische Programme, das heißt eine Folge von Selektionsschritten,
die zu einer Lösung des Problems der Organisation des Verhaltens führen. Es sind stabilisierte Muster der Interaktion,

die regeln, welche konkreten Verhaltensschritte von den einzelnen Handlungspartnern komplementär zu unternehmen sind.

5. Handeln als emergentes Phänomen

Parsons hat als die große Aufgabe seiner wissenschaftlichen
Arbeit von der ersten bis zur letzten Veröffentlichung, also
über einen Zeitraum von rund 40 Jahren hinweg, stets die Entwicklung einer Allgemeinen Theorie des Handelns vor Augen
gehabt. Diese Theorie sollte in Gestalt einer Systemtheorie
formuliert werden. Folglich müssen die Konzepte "Handeln"
und "System" miteinander verbunden werden. Das Ergebnis sind
logischerweise "Systeme des Handelns".

Diese Formulierung geht jedoch über ein Problem hinweg, das
sich am einfachsten durch eine (scheinbare) semantische
Spitzfindigkeit akzentuieren läßt: Womit eigentlich beschäftigt sich Parsons: mit "Systemen des Handelns" oder mit
"Handlungssystemen"? (Wer den vorliegenden Band mit Sensibilität für derartige Begriffsbildungen gelesen hat, dem
wird an diesem Punkt auffallen, daß hier die Entscheidung
für "Systeme des Handelns" schon vorweggenommen wurde; der
Begriff der "Handlungssysteme" wurde möglichst vermieden.)
Was bedeutet diese Differenzierung?

In den Arbeiten der "ersten Periode" (der "Fundamentierungsphase" sowie in den fünfziger Jahren) verwendet Parsons noch
regelmäßig die Begriffsbildung des "unit acts" - der "Hand-
lungseinheit" im Sinne eines "elementaren Partikels":

> "In the first chapter attention was called to the fact
> that in the process of scientific conceptualization
> concrete phenomena come to be divided into units or
> parts. The first salient feature of the conceptual scheme
> to be dealt with lies in the character of the units which
> it employs in making this decision. The basic unit may be
> called the 'unit act'. Just as the units of a mechanical

> *system in the classical sense, particles, can be defined*
> *only in terms of their properties, mass, velocity, loca-*
> *tion in space, direction of motion, etc., so the units of*
> *action systems also have certain basic properties without*
> *which it is not possible to conceive of the unit as 'ex-*
> *isting'... It should be noted that the sense in which the*
> *unit act is here spoken of as an existent entity is not*
> *that of concrete spatiality or otherwise separate exist-*
> *ence, but of conceivability as a unit in terms of a frame*
> *of reference." (SA: 43/44)*

An dieser Form der Entwicklung des Handlungskonzeptes ist be-
griffslogisch nichts zu beanstanden, soweit man eben bereit
ist, sich darauf einzulassen, daß hier "Verhalten" und "Handeln" faktisch als austauschbare Begriffe gelten müssen:
Parsons' Theorie ist hier noch keine Theorie des Handelns
im kybernetischen Sinne des Wortes, sondern eine <u>Verhaltens-
theorie</u> - zumindest in ihrer formalen Struktur der Definitionen. Diese stehen dann zunehmend in Widerspruch zu den
Inhalten der Theorie.

Dies wird wesentlich deutlicher im Zusammenhang der beiden
wichtigsten Grundlagenwerke - des <u>Social System</u> sowie der
Monographie "<u>Values, Motives, and Systems of Action</u>" (in
TGTA). In beiden Arbeiten wird Parsons sich auf eine - freilich nur - unklare Weise bewußt, daß es zwei Möglichkeiten
gibt, Systeme zu bilden: entweder durch die Organisation von
einzelnen Handlungsakten zu Systemen oder aber durch die Konzeption von Handeln als Systembildung. Auf eine merkwürdige
Weise verwendet er <u>sowohl</u> die eine <u>als auch</u> die andere Möglichkeit und bringt dabei die manifeste Definition von
"Handlungssystemen" mit der latenten Konzeptualisierung von
"systembildendem Handeln" in Widerspruch. Dieser Widerspruch
wird in seiner ganzen Schärfe noch einmal in den <u>Working
Papers</u> im Kapitel III sichtbar und dann plötzlich im Kapitel V aufgelöst, indem zur Einheit der Theorie "das System"
erklärt wird. Von da an wird der Widerspruch immer seltener
und im Grunde bedeutungslos, weil er allenfalls in Gestalt
einer vorangesetzten oder eingestreuten Definition über

"Handlungssysteme - kombiniert aus 'unit acts'" verbalisiert
wird, die folgenlos für die Konzeption der Theorie bleibt,
welche eine Theorie "systembildenden Handelns" (oder eben
der "Systeme des Handelns") ist.

Betrachten wir kurz einige Belege aus Parsons' Schriften! Im
<u>Social System</u> formuliert Parsons:

> *"Before going into some of these broad methodological pro-*
> *blems of the analysis of systems of action with special*
> *reference to the social system, it is advisable to say*
> *something more about the more elementary components of*
> *action in general. In the most general sense the 'need-*
> *disposition' system of the individual actor seems to have*
> *two most primary or elementary aspects which may be called*
> *the 'gratificational' aspect and the 'orientational' as-*
> *pect. The first concerns the 'content' of his interchange*
> *with the object world, 'what' he gets out of his inter-*
> *action with it, and what its 'costs' to him are. The*
> *second concerns the 'how' of his relation to the object*
> *world, the patterns or ways in which his relations to it*
> *are organized." (SS: 6 f.)*

Aus diesem Zitat ergibt sich, daß das Handeln des einzelnen
Individuums eine komplexe Resultante aus "relationalen" und
"motivationalen" Faktoren ist - eine Systembildung in sich
selbst. Aber dem widerspricht eine wenig später folgende Definition Parsons':

> *"But acts do not occur singly and discretely, they are*
> *organized in systems." (SS: 7)*

Dieselbe Formulierung verwenden Parsons/Shils:

> *"Actions are not empirically discrete but occur in*
> *constellations which we call systems." (TGTA: 54)*

Und doch gibt der nächste Satz dem eine ganz neue Wendung:

> *"The moment even the most elementary system-level is*
> *brought under consideration a component of 'system-*
> *integration' must enter in. In terms of the action*
> *frame of reference again this integration is a selec-*
> *tive ordering among possibilities of orientation."*
> *(TGTA: 54)*

Die integrative Komponente der Systembildung liegt also schon
in den Selektionen, die erst das Handeln erzeugen. Dies läßt
sich schwerlich anders interpretieren als die Konzeptualisierung einer Genese des Handelns aus der stabilisierten (das
heißt immer wiederholten, normativ verfestigten) Verknüpfung
von Komponenten der Selektion, wobei sich diese Selektion auf
"relational and orientational" Bedeutungselemente bezieht,
die den Sinn des Gesamtzusammenhangs konstituieren. Wenig
später heißt es (immer noch im selben Absatz):

> *"The most elementary components of any action system then
> may be reduced to the actor and his situation. With regard
> to the actor our interest is organized about the cognitive,
> cathectic and evaluative modes of his orientation; with
> regard to the situation, to its differentiation into ob-
> jects and classes of them." (SS: 7)*

Man muß sich nicht damit aufhalten, die Inkonsistenz der ver-
schiedenartigen "elementar(st)en Komponenten" zu bemängeln.
Der wichtige Gesichtspunkt für uns liegt in dem erneuten Hinweis auf Parsons' eigentliche Absicht: Handeln als Systembildung aus einem Beziehungsnetz von Faktoren entstehen zu
lassen. Spezifisch auf Sozialsysteme bezogen heißt es zu diesem Problem an späterer Stelle des <u>Social System</u>:

> *"First a word should be said about the units of social
> systems. In the most elementary sense the unit is the
> act... The act then becomes a unit in a social system
> so far as it is part of a process of interaction between
> its author and other actors.*
>
> *Secondly, for most purposes of the more macroscopic anal-
> ysis of social systems, however, it is conveniant to make
> use of a higher order unit than the act, namely the sta-
> tus-role as it will here be called."*

Im weiteren führt Parsons dann die Begriffe "status" und
"role" ein und sagt dazu im Hinblick auf das Problem der
"unit":

> *"It should be made quite clear that statuses and roles,
> or the status-role bundle, are not in general attributes
> of the actor, but are <u>units</u> of the social system, though
> having a given status may sometimes be treated as an*

> *attribute. But the status-role is analogous to the par-*
> *ticle of mechanics, to mass or velocity." (SS: 24 f.)*

In der Zusammenfassung schließlich, die Parsons an dieser
Stelle vornimmt, ergeben sich insgesamt <u>vier mögliche Ein-</u>
<u>heiten</u>:

> *"It is naturally extremely important to be clear which of*
> *these four units is meant when a social structure is*
> *broken down into units."*

Bei diesen möglichen "units" handelt es sich um

1. "the social act, performed by an actor and oriented to
   one or more actors as objects",

2. "the second is the status-role as the organized subsystem
   of acts...",

3. "the third is the actor himself as a social unit...",

4. "finally, cutting across the individual actor as a compos-
   ite unit is the collectivity as actor and object" (SS: 26).

Parsons' Definitionsansätze und Konzeptualisierungen dieser
Zeit sind offentsichtlich stark von der formalen Theoriebildung der Mechanik beeinflußt - genauer: von einigen Begriffsbildungen, die Parsons als typisch für die klassische Physik
ansieht. Da aber die mechanistischen Modelle in den Sozialwissenschaften längst überholt sind ("Uhrwerktheorien der
Gesellschaft"), macht <u>de facto</u> Parsons von seiner Begriffsbildung überhaupt keinen Gebrauch. Betrachten wir noch einige
Textstellen aus der Monograhpie:

> *"Alles Handeln ist Handeln eines Aktors, und es findet in*
> *einer Situation statt, die aus Objekten besteht. Diese*
> *Objekte können sowohl weitere Aktoren oder aber physika-*
> *lische oder schließlich kulturelle Objekte sein. Jeder*
> *Aktor hat ein System von Objektbeziehungen; hier soll von*
> *seinem 'Orientierungssystem' gesprochen werden...*
>
> *Das Orientierungssystem eines Aktors setzt sich aus einer*
> *großen Zahl von spezifischen Orientierungen zusammen. Jede*
> *dieser 'Handlungsorientierungen' ist eine (explizite oder*
> *implizite, bewußte oder unbewußte) 'Vorstellung', die der*
> *Aktor von der Situation hat - hinsichtlich seiner Wünsche,*

*seiner Sicht der Dinge und seiner Absicht, von dem, was er
sieht, zu dem zu gelangen, was er will." (TGTA: 54)*

Und später heißt es:

*"The frame of reference of the theory of action involves
actors, a situation of action, and the orientation of the
actor to that situation...*

*The actor is both a system of action and a point of ref-
erence... The situation of action may be divided into a
class of social objects (individuals and collectivities)
and a class of nonsocial (physical and cultural) objects...*

*The orientation of the actor to the situation may be
broken down into a set of analytic elements. These elements are not separate within the orientation process;
they might be conceived as different aspects or different ingredients of that process. They may be divided
into two analytically independent categories: a category of elements of motivational orientation (appear-
ances, wants, plans), and a category of elements of
value-orientation (cognitive standards, aesthetic standards, moral standards)."*

Und schließlich heißt es in der kommentierenden Zusammenfassung:

*"The frame of reference of the theory of action is a set
of categories for the analysis of the relations of one
or more actors to and in a situation. It is not directly
concerned with the internal constitution of physiological
processes of the organisms which are in one respect the
units of the concrete systems of action; its essential
concern is with the structure and processes involved in
the actor's relation to his situation, which include
other actors (alters) as persons and as members of collectivities..." (TGTA: 56-61)*

Dieses Konzept des Handelns schwankt in einer eigenartigen
Weise zwischen Formulierungen, die auf (das) Verhalten (des
Organismus) bezogen sind, und Formulierungen, die Handeln
als eine qualitativ andere Konzeption betrachten, deren
Komponenten die Ebene des Verhaltens überlagern. Dazu noch
einige bermerkenswerte Zitate:

*"The structure of the river system, thus, is not the
structure of the water, but it is a structure - in this
case, of the water's relationships to the earth's undu-
lations. Similarly, the structure of action is not the*

*structure of the organism. It is the structure of the
organism's relationships to the objects in the organism's
situation." (TGTA: 62)*

*"The most obvious difference" (sc. gegenüber "biologically
oriented approaches" und allgemein gegenüber einer bloßen
Verhaltenstheorie) "ist the explicit concern of our theory
with selection among alternative possibilities and hence
with the evaluative process and ultimately with value
standards. Thus, our primary concern in analyzing systems
of action with respect to their aims is this: to what con-
sequences has this actor been committed by his selections
or choices?...*

*Further, we ask: on what bases does the actor make his
selections? Implicit is the notion that survival is not
the sole ground of these selections; on the contrary,
we hold that internalized cultural values are the main
grounds of such selective orientations... The role of
choice... in the frame of reference of the theory of
action... becomes explicit and central..."*

*"The situation is treated as a constellation of objects
among which selections must be made. Action itself is the
resolution of an unending series of problems of selection
which confront actors." (TGTA: 62-64)*

Der entscheidende Begriff, der hier immer wieder in den Mittelpunkt gerückt wird, ist der Begriff der "Selektion". Es
geht hier nicht - wie in der Theorie der strategischen
Spiele - um das Problem der Entscheidung unter Ungewißheit
oder im Angesicht von Risiko. Es geht vielmehr darum, der
Situation, die zunächst indeterminiert und amorph ist, einen
bestimmten "auslegenden", erlebens- und handelnsbestimmten
Sinn zu geben. Dabei darf nicht etwa gedanklich eine Trennung
vorgenommen werden, derart, daß der Aktor zunächst der Situation ihren Sinn gäbe (sozusagen die Situation für sich "definierte") und daraufhin nunmehr handelte - nein! "Definition der Situation" - oder anders formuliert - die sinn-
erschließende Festlegung der Situation und das Erleben/Han-
deln vollziehen sich uno actu: Im Erleben und Handeln er-
schließt sich die Welt in ihrem Sinn! Noch einmal eine
(schon zitierte) Textstelle Parsons':

> *"Action itself is the resolution of an unending series*
> *of problems of selection..."*

Handeln selbst ist die Auflösung dieses fundamentalen Problems der Sinngebung angesichts der intrinsischen Indetermi-
niertheit der Situation des Menschen.

Betrachtet man die "Schlüsselbegriffe" der Handlungstheorie,
so gelangt man zu folgender Interpretation:

> *"(The) key terms have been the conceptions of actors,*
> *alter or social object of action, orientation of the*
> *actor, and modality of the object for the oriented*
> *actor. Action is interpreted as an emergent mode of*
> *relation among these fundamental entities."*
> *(V. M. Lidz in: LOUBSER 1976: 125)*

Der Begriff des "Handelns" löst sich in einer eigenartigen
Weise auf. Während man in einer "naiven" Vorstellung noch
vom Verhalten ausgeht - einem konkreten, empirisch beobachtbaren, quasi auf einem Film festhaltbaren, körperlichen
Ereignis -, so wird in der Bildung der Theorie von diesem
"realen" Geschehen immer weiter abstrahiert. Nicht Menschen
werden betrachtet, sondern deren handelnde Abstraktion,
"actor" genannt. Nicht konkretes Tun oder Lassen wird betrachtet, sondern das Schema dieses Verhaltens, das als
eine Art abstraktes Flußdiagramm konzipiert ist. Handeln
wird rekonstruiert als eine Relation, die "actor" und
"situation" verbindet, wobei diese Begriffe sofort wieder
aufgeschlüsselt werden: Der Aktor wird in der nächsten analytischen Schicht ersetzt durch das Konzept von "Orientie-
rungssystemen", diese wiederum werden zerlegt in eine Reihe
von "Vorstellungen" (conceptions) über die Situation und
Impulse des Handelns. Ebenso wird die Situation zerlegt in
Objekte, die entweder andere alter actors sind oder aber
physikalische Gegebenheiten einerseits, Kulturobjekte andererseits. Die Orientierung der Aktoren einerseits, die
Modalitäten der Objekte andererseits sind wiederum in einer
nächsten Stufe der Analyse durch besondere Schemata ver-

knüpft, die hier nicht mehr aufgezeichnet werden sollen. Entscheidend ist vielmehr, daß in dieser Analyse Handeln tatsächlich zu einem komplexen Relationsgefüge dieser Komponenten wird, die insgesamt in ihrer Organisation ein System - nämlich das System des Erlebens und Handelns bilden.

In der hier entwickelten Auffassung ist also Handeln eine Systembildung: Aus den einzelnen Komponenten - actor, situation, orientation systems usw. - "entsteht" Handeln als ein "emergentes Schema". Dies scheint der - mindestens ursprünglichen - Intention von Parsons/Shils nicht völlig zu entsprechen. Dies liegt daran, daß Parsons/Shils in ihrer frühen Interpretation von 1951 noch (allzu) viele "konkretistische" Elemente in ihrer Theoriebildung zurückbehalten haben, die erst durch die lange geduldige Arbeit Parsons', der sich diesem Thema immer wieder zuwandte, eliminiert wurden. Die ursprüngliche Formulierung ergibt, daß Parsons/Shils sich wohl vorstellten, daß die Handlungssysteme durch "organization of action into systems" entstehen würden (TGTA: 54). Weiter heißt es:

> "Handeln erfolgt nicht empirisch diskret, sondern in Zusammenhängen, die wir als System bezeichnen. Wir haben es mit drei Systemen, drei Modalformen (modes) der Organisation von Elementen des Handelns zu tun; diese Elemente können als Sozialsysteme, als Persönlichkeitssysteme und als Kultursysteme organisiert sein. Obwohl alle drei Modalformen (modes) begrifflich von konkretem Sozialverhalten abstrahiert sind, liegen die empirischen Bezüge dieser drei Abstraktionen nicht auf derselben Ebene. Sozialsysteme und Persönlichkeiten werden als Modalformen der Organisation motivbestimmten (motivated) Handelns aufgefaßt (Sozialsysteme sind Systeme motivbestimmten Handelns, das aufgrund der Beziehungen zwischen lebenden Organismen organisiert ist). Kultursysteme andererseits sind Systeme symbolischer Muster (diese Muster werden durch individuelle Aktoren erschaffen oder realisiert und in Sozialsystemen durch Diffusion, in Persönlichkeitssystemen durch Lernprozesse übertragen)." (TGTA: 54)

Diese Auslegung, die in der Anfangsarbeit an der Theorie der Systeme des Handelns auftritt und erst allmählich von

einer klaren Einsicht in die "eigentliche" oder "logisch
konsistente" Fassung der Begriffsbildung geklärt wird, ist
an einem entscheidenden Punkt falsch: in der Vorstellung,
daß Persönlichkeit und Sozialsysteme in irgendeiner Weise
"konkretere" Systembildungen seien als das Kultursystem!
Diesem Fehler liegt die "fallacy of misplaced concreteness"
zugrunde, der in der Folgezeit auch zahlreiche Anhänger,
vor allem aber Kritiker Parsons', anheimgefallen sind.
Parsons selbst hat diesen Fehler zwar relativ früh (heim-
lich) korrigiert, ihn aber in aller Deutlichkeit erst nach
der (sehr fruchtbaren) Kooperation mit Victor Meyer Lidz
und Charles W. Lidz theoretisch aufgearbeitet, als er sich
entschloß, jeden Hinweis auf den Verhaltens<u>organismus</u> (der
noch immer an konkrete Körperlichkeit denken läßt) durch
den Begriff des "Verhaltens<u>systems</u>" zu ersetzen, verbunden
mit der Einsicht, daß alle Begriffsbildungen der Systemtheorie, die zu (Sub-)Systemen des Handelns führen, sich
auf <u>abstrakte Schemata</u> beziehen, die methodologisch völlig
gleichartig zu interpretieren sind und auch durchweg - im
Gegensatz zu dem oben zitierten Text - <u>denselben empirischen
Bezug</u> haben - nämlich die konkreten Abläufe in der Alltagswelt.

Die Antwort auf die Frage: "Was sind Handlungssysteme"? müßte
also nach dieser ersten Übersicht lauten, daß es sich um Sinnsysteme handelt. Diese Sinnsysteme entstehen, indem Menschen
in einem sich allmählich entwickelnden Prozeß über viele
Generationen hinweg die Umwelt, einschließlich ihrer eigenen
Aktivitäten in dieser Umwelt, symbolisch interpretieren und
in kommunikativen Akten über ein Sprachsystem verschlüsseln
(kodifizieren). Auf diese Weise wird die gesamte Umwelt symbolisch interpretiert, und es werden Selektionsschemata des
Erlebens/Handelns aufgebaut, die selbst eine symbolische Verschlüsselung von ursprünglichen organischen Reaktionsmustern
sind. Die elementarsten Komponenten dieser Handlungssysteme
- also dieser Systeme von Selektionen, mittels derer allen

Ereignissen ein sozial konstituierter Sinn zugewiesen und
die damit für Erleben und Handeln aufgeschlüsselt werden -
sind Aktor und Situation:

> *"With regard to the actor our interest is organized about
> cognitive, cathective and evaluative modes of his orien-
> tation; with regard to the situation, to its differen-
> tiation into objects and classes of them." (SS: 7)*

Und daran erkennt man wieder deutlich, daß beide entscheidenden Komponenten - die Motivation des Aktors und die Kom-
position der Situation - kulturell überformt sind: Man könnte
sagen "actors are many and situations are undefined" - mit
anderen Worten, wenn Parsons sagt, daß die "most elementary
forms of action can be reduced to 'actor and situation'",
dann bedeutete dies, daß wir es mit vielen Handelnden ohne
klare Basis ihrer Verhaltensdeterminanten - denn diese gibt
es, wie der Begriff "actor" ausdrücken soll, nicht - und
ohne Definition von Umwelt, dies sagt der Ausdruck "Situation", zu tun haben.

Anders formuliert: Parsons wählt als Grundbegriffe "actor"
und "situation". Dabei bedeutet "actor", das hier eine Ab-
kürzung verwendet werden soll, die den Menschen, entlastet
von seiner organisch-biologischen Determiniertheit, bezeichnet. Und der Begriff "Situation" bedeutet, daß es keine
"passende" Umwelt gibt, die wie ein Schlüssel bestimmte
Reize auslösen würde. Erst die "normative Orientierung",
das "symbolic system of meanings", "is an element of order
'imposed' as it were on the realistic situation" ((SS: 11).
Ein Handlungssystem bedeutet also, daß eine gemeinsame
Ordnung gestiftet wird:

> *"The orientation to a normative order, and the mutual
> interlocking of expectations and sanctions which will
> be fundamental to our analysis of social systems is
> rooted, therefore, in the deepest fundamentals of the
> action frame of reference." (SS: 11 f.)*

Der Begriff des "actor" ist also, wie schon formuliert, die
Verschlüsselung eines sehr umfangreichen Konzeptes des Menschen in anthropologisch-psychologischer Sicht: Es ist die
Annahme (a) eines biologischen Organismus (Verhaltensebene)
mit (b) bestimmten psychischen Bedürfnissen (need-disposi-
tions; Psychisches System) und bestimmten sozialen Motiven
(Sozialsystem). Darüber hinaus ist dieses komplexe Orientierungssystem mit der _Situation_ verknüpft, und zwar über ein
System symbolischer Referenzen (Kulturbezug). Die Behandlung und ausführliche Darstellung dieser Aspekte war die
Hauptaufgabe der berühmten "Monographie". Einen entscheidenden weiteren Schritt lieferten dann die _Working Papers_.

Wir selbst haben an früherer Stelle in diesem Text davon gesprochen, daß die Gemeinschaft "Modelle" der Welt schafft
- alle Kulturelemente sind Elemente dieser Modellbildungen
der Wirklichkeit und diese Modellbildungen mit ihrer normativen Ordnung "mediate and regulate communication and other
aspects of the mutuality of orientations in the interaction
processes". Der entscheidende Aspekt liegt darin, daß mit
den Kulturelementen nicht nur die symbolischen Komponenten
des Aufbaus der Modelle geliefert werden, sondern zugleich
auch das normative Regelwerk, nach denen diese Komponenten
verknüpft und nach denen die "internen Komponenten" der
Aktoren damit verbunden werden. Wie man weiß, vollzieht
sich diese Verknüpfung über die Internalisierung der Kulturkomponenten in die Persönlichkeit und die Institutionalisierung der Kulturkomponenten in das Sozialsystem.

In diesem Sinne muß man - trotz der zunächst deutlich er-
kennbaren Widersprüche, die erst allmählich von Parsons aufgelöst werden - die Konzipierung der Systeme des Handelns
interpretieren. Handeln ist, wie Parsons/Shils in einem
Resümee ihrer Ausführungen schließlich selbst formulieren,
"die immer wiederholte Auflösung einer endlosen Folge von
Selektionsproblemen, denen sich Aktoren gegenübersehen"

(S. 64). Die Unterscheidung differenzierter Systembildungen
in diesem Prozeß beruht auf einer analytischen Begriffsbildung, die einzelne Aspekte des gesamten Prozesses aufnimmt
und als Sonderproblem thematisiert.

6. Zum Konzept der Lebenswelt

Wir haben immer wieder hervorgehoben, daß Parsons es als
seine Hauptaufgabe ansah, eine _allgemeine_ Theorie des Han-
dels zu entwickeln, deren konzeptionelle Fassung auf der
Verwendung des _Systembegriffs_ beruht. Daraus ergibt sich,
daß das Ergebnis dieser Theoriebildung die Gestalt einer
Theorie der _Systeme des Handelns_ annehmen muß. Diese Systeme
sind in sich differenziert - zunächst in die Verhaltenssysteme, die Persönlichkeitssysteme, die Sozialsysteme und
die Kultursysteme, dann weiter in die einzelnen Subsystem-
bildungen, die sich innerhalb eines jeden dieser vier "primären" Subsysteme des Handelns ausdifferenzieren lassen.

Die Arbeit an dieser allgemeinen Theorie wurde darüber hinaus
von "tieferen" philosophischen Überlegungen getragen, die zumeist gar nicht thematisiert wurden und daher als "Tiefen-
schichten" unter der Schwelle der Apperzeption blieben. Sie
sind jedoch für die Interpretation der Arbeit Parsons' von
größter Bedeutung. Aus diesem Grunde halten wir uns hier an
dieser Stelle auch nicht an die biographische Linie des Werkes
Parsons', die sich mit der Arbeit an "soziologischer Theorie"
im engeren Sinne in einer Reihe von Universitätsveranstaltun-
gen fortsetzt und dann zu den Veröffentlichungen TGTA, SS,
WP, ES usw. führt. Vielmehr wenden wir uns dem letzten großen
Essay zu, den Parsons 1978 veröffentlichte, "A Paradigma of
the Human Condition" (in AT/HC). Dieser Aufsatz deckt zum
ersten Male die umfangreiche Philosophie der Theoriebildung
Parsons' deutlich auf:

> *"For the present purpose it is essential to say something*
> *about the intellectual background of this venture. In the*
> *course of the development of the theory of action there*
> *has, as long as I have been involved with it, never been*
> *any lack of awareness that what came to be called the*
> *general system of action does not stand alone among the*
> *objetcs of cognitive understanding with which human in-*
> *vestigation is occupied. In particular there have been*
> *two classes of objects which, it became increasingly*
> *clear, in some sense stood on the boundaries of the*
> *system of action. Since the concepts of boundary defi-*
> *nition and boundary maintenance have become crucial to*
> *the theory, there did not seem to be any logical reason*
> *why the same order of conceptualization should not be*
> *attempted at and beyond such boundaries, as has proved*
> *to be so important to analysis within the system of*
> *action, especially in analytically discriminating the*
> *primary subsystem of the latter from each other (e.g.*
> *social and cultural systems).*
>
> *One of these two salient boundaries of action is that*
> *vis-à-vis living organisms. The status of this boundary*
> *has been a major concern of mine even before I became*
> *committed to a career in social science..."*
> *(AT/HC: 352 f.)*

Parsons weist dann auf den Aufsatz von Lidz/Lidz hin, aus
dem zum ersten Male mit aller Klarheit deutlich wurde, daß
der Begriff des "behavioral organism" irreführend war. Die
"organischen" und "biologischen" Aspekte (die physiologischen Aspekte) mußten von der eigentlichen Konzeption des
"Handelns" völlig getrennt werden:

> *"This development necissitated a thoroughgoing reconsid-*
> *eration of the boundary between action and the organic*
> *world..." (AT/HC: 353)*

> *"The resulting better understanding of biology, including*
> *some of its more recent developments, paved the way for*
> *the attempt to include both the organic and the action*
> *level in a single, at least partly integrated, conceptual*
> *scheme, a 'theory of living systems'." (AT/HC: 354)*

Dies hatte zur Folge, daß auch die Grenzen des Systems des
Handelns "in die andere Richtung" bedacht werden mußten:

> *"The second major boundary of the system of action which*
> *has concerned me and many other sociologists and cultural*

*theorists lies, cybernetically speaking, in the other
direction. "*

Ausgangspunkt für Parsons war die Einsicht, daß das, was er
"general system of action" nannte, nicht für sich allein als
Erkenntnisobjekt stünde. Vielmehr werden diese Systeme von
zwei Grenzen "gerahmt" (framed), eine der "salient bound-
aries" liegt vis-à-vis den "living organisms". Das bedeutete, daß eine ganz deutliche Grenze zwischen Handeln und
der organischen Welt gezogen werden mußte. Vor allem ist
hervorzuheben, daß von beiden Seiten her alle Kenntnisse
mobilisiert werden müssen, um zu einer vollständigen Theorie zu kommen. Parsons jedenfalls wurde mehr und mehr wieder zur Biologie hingeführt, die ja auch sein ursprünglicher
Ausgangspunkt gewesen war. Dieses zunehmend vergrößerte
Verständnis für eine biologische Sicht schuf die Voraussetzung für eine neue Konzeption von Theorie:

> *"For the attempt to include both the organic and the
> action level in a single, at least partly integrated,
> conceptual scheme, a 'theory of living systems'."*
> *(AT/HC: 354)*

Hier sieht man zum ersten Male ganz deutlich, welchen Inhalt
eigentlich der Begriff der Theorie of "living systems" haben
soll und haben muß, nämlich eine Vereinigung von beiden
Theorieansätzen: biologischer und soziologischer (oder
handlungstheoretischer) Art.

Die zweite Grenze liegt in - kybernetisch- entgegengesetzter
Richtung, wie Parsons gerne sagt, nämlich im Bereich des
Non-Empirischen. Dieser Begriff bezeichnete zunächst nur
ganz vorsichtig eine Residualkategorie, also sozusagen ein
Schubfach mit opakem Inhalt. Vor allem über die Beschäftigung mit Webers Werk - insbesondere mit dem Sinnproblem
(problem of meaning) - ging Parsons vorsichtig daran, diese
Inhalte aufzuklären. Terminologisch wählt Parsons dafür
den Ausdruck "telischer Bereich" (telic system). Damit be-

zieht er sich auf die Diskussion über das Problem der Teleologie, jedoch in einer sehr spezifischen Fassung, nämlich in
Form seiner Diskussion bei Lawrence J. Henderson (1917) sowie
dem Biologen Ernst Mayr (1974). Aus der Darstellung bei
Parsons ergibt sich, daß er philosophisch vor allem an Kant
anknüpfen möchte - genereller: an die Tradition Kants und
seine Fassung bei den Neo-Kantianern (vor allem auch: Max
Weber) - und methodologisch an die Teleologie-Diskussion in
der Biologie. Betrachten wir dazu wiederum einige Textstellen:

> *"In gradually working toward giving some coherent struc-*
> *ture to this... category (of the 'nonempirical') I have*
> *been especially influenced by repeated revisits to Weber's*
> *work. The crucial problem was that: in his extensive dis-*
> *cussion of what we called the 'problems of meaning', Weber*
> *stressed a diversity of 'orientations'..." ((AT/HC: 355)*

Die Beschäftigung mit Weber an diesem speziellen Punkt führte
Parsons immer stärker zu der Überzeugung, daß Weber in seiner
weiteren Arbeit unweigerlich auf eine Typologie oder Systematik der religiösen Orientierung abzielen mußte ("...such consideration convinced me that Weber was feeling his way toward
a structural classification of types of religious orientation", S. 355), so daß es Parsons vollkommen gerechtfertigt
schien, diese Probleme in sein Schema miteinzubeziehen.

> *"Besides this... a decisive influence on my thinking in*
> *this area was a revisit to Kant... Kant clearly thought*
> *in terms of dual levels: the sense data of empirical*
> *knowledge and the categories of the understanding; the*
> *'problems' of practical ethics and the 'categorial imper-*
> *ative'; esthetic 'experience' and the canons of judge-*
> *ment. There seems to be a striking parallel between his*
> *version of duality and the linguist's 'deep structures'*
> *and 'surface structures', the biologist's 'genotypes'*
> *and 'phenotypes', the cyberneticist's 'high on infor-*
> *mation' and 'high on energy', and indeed the sociolo-*
> *gist's 'values', or 'institutional patterns', and 'in-*
> *terests'. We therefore suggest that the first term in*
> *each of these pairs be used to designate a <u>metastructure,</u>*
> *which is not as such a property of the phenomena (also*
> *Kant's term) under consideration but is rather an <u>apriori</u>*
> *set of conditions without which the phenomena in question*
> *could not be conceived in an orderly manner..."*
> *(AT/HC: 355 f.)*

Dies ist die Grundlage, auf der Parsons dann das Konzept des
"telic system" einführt. Parsons knüpft offensichtlich nicht
nur an Kant, sondern an eine Vielzahl von Begriffsbildungen
mit einer eigentümlichen dualen Struktur an, deren methodologischen oder erkenntnistheoretischen Aspekt er durch den
linguistischen Begriff der "Tiefenstruktur" kennzeichnet.
Diese Tiefenstruktur im Dasein der Menschen wird gebildet
durch die transzendente "Meta-Realität", und erst diese
Tiefenstruktur gibt dem menschlichen Sein seinen tieferen
Sinn (telos). In diesen Bereich fällt vor allem die Menge
an Inhalten, die von den Religionen thematisiert wurden:

> *"Clearly, we think of the telic system, standing as it
> does in our treatment in a relation of cybernetic super-
> ordination to the action system, as having to do espe-
> cially with religion. It is primarily the religious
> context that throughout so much of cultural history
> belief in some kind of 'reality' of the nonempirical
> world has figured prominently. With full recognition
> of the philosophical difficulties of defining the nature
> of that reality we wish to affirm our sharing the ageold
> belief in its existence." (AT/HC: 356)*

Neben diesen beiden "begrenzenden" Sphären, die sich aufgrund ihrer kybernetischen Stellung jeweils "unten" und
"oben" an den Bereich der Systeme des Handelns anschließen,
muß eine weitere Welt konzipiert werden,

> *"...which is usually called the 'physical' world. I think
> the physical realm must be treated as a world in its own
> right, differentiated from the organic, or from the 'bio-
> sphere' as it is often called. Furthermore, the physical
> world is clearly part of the human condition in that it
> constitutes an essential component of the environment of
> man, as both organism and actor. Indeed, man himself is
> in one principal aspect a physico-chemical system and
> this aspect is in certain respect continuous with the
> others." (AT/HC: 357)*

In der weiteren Klärung dieser Ideen greift Parsons vor allem
wieder auf die Schriften Hendersons zurück, vor allem auf die
Vorstellung, daß eine der entscheidenden Eigenschaften der
physischen Welt ihre <u>Ordnung</u> (oder <u>Organisiertheit</u>) sei - eine

direkte Verbindung zu den neueren Konzeptionen der Kybernetik über Ordnung und Entropie. An dieser Stelle findet sich
bei Parsons zugleich eine ausführliche Reflexion über eine
berühmte Aussage Albert Einsteins:

> *"Das ewig Unbegreifliche an der Welt ist ihre Begreif-*
> *lichkeit. Daß die Setzung einer realen Außenwelt ohne*
> *jene Begreiflichkeit sinnlos wäre, ist eine der großen*
> *Erkenntnisse Immanuel Kants." (AT/HC: 358)*

Die Diskussion der empirischen Befunde Hendersons im Verein
mit der philosophischen Untermauerung dieser Gedanken durch
die Kantsche Erkenntnistheorie (einschließlich der Diskussion ihrer Relevanz für die modernen Naturwissenschaften,
dokumentiert in der Reflexion über Aussagen Albert Einsteins)
dient vor allem dazu, zu zeigen, wie die Biosphäre in Austauschprozesse mit der physikalischen (anorganischen) Welt
verwoben und mit ihr verbunden ist. Auch hier bestehen also
"offene Grenzen", "interchanges" und "interaction-processes",
die darüber hinaus durch besondere Mechanismen gesteuert
werden (konzipiert in Begriffen wie "metabolism" und "regulation").

> *"The main relevance of Henderson's analysis to the present*
> *discussion... is that his account established a basis for*
> *treating the physical world not as something altogether*
> *foreign to the worlds of organic life and of action but*
> *as something maintaining relatively clear and specific*
> *relations to them." (AT/HC: 360 f.)*

Diese Diskussion bildet die Grundlage für eine Erweiterung
des Paradigmas (von vier Systemen) weit über die ursprüngliche Konzeption der frühen Arbeiten hinaus. Parsons konzipiert eine menschliche Lebenswelt, deren unterste, ener-
getische Basis die physikalische Welt (anorganische Natur)
ist, darüber folgt die Biosphäre, dann die Welt der Systeme
des Handelns und schließlich, als kybernetisch höchste Struktur, der "transempirische", telische, Bereich.

> *"Schema 1 ist eine ganz einfache Version des Paradigmas.*
> *Es enthält lediglich die vorgeschlagene funktionale Pla-*

zierung der vier primären Kategorien und die beiden dicho-
tomen Variablen, aus deren Überkreuzung sich die Bezeich-
nung der vier Zellen ergibt. Bei der Interpretation die-
ses Vorgehens ist es sehr wichtig, klar vor Augen zu haben,
welchen Standpunkt wir einnehmen, wenn wir von der mensch-
lichen Lebenswelt (human condition) sprechen - nämlich
eine explizite anthropozentrische Stellung. Entsprechend
wird in dem Paradigma die Welt, so wie sie der menschli-
chen Erfahrung zugänglich ist, gemäß dem Sinn ihrer man-
nigfaltigen Teile und Aspekte für menschliche Wesen kate-
gorisiert." (AT/HC: 361)

	Instrumentell	Konsumatorisch
Intern	Telisch	Handeln
Extern	Physikalisch- Chemisch	Menschliches Organisches System

Allgemeines Paradigma der menschlichen Lebenswelt

Worum handelt es sich bei der Bildung dieses Paradigmas? Man
muß diesen Entwurf Parsons' - wie auch schon seine früheren
meta-theoretischen Konzepte - als Versuche der Rekonstruktion der Zusammenhänge der Lebenswelt ansehen. Dieses Konzept einer "Rekonstruktion" lebensweltlicher Verhältnisse
ist so zu verstehen, daß es in der Wissenschaft unternommen
wird, über die Strukturen und Prozesse, die Phänomene und
Ereignisse in der Welt eine systematisch geordnete Menge von
Aussagen gemäß bestimmten wissenschaftlichen Regeln (welche
in der Methodologie formuliert sind) zu bilden und diese Aus-

sagen insgesamt in einen solchen Zusammenhang zu bringen,
daß dieser eine systematische Darstellung der lebenswelt-
lichen Verhältnisse (beziehungsweise ihrer Teile) liefert.
Eine der wichtigsten Systematisierungsformen ist, wie schon
erwähnt, die der Erklärung - welchen Typus auch immer.

Dieser Aufgabe wendet sich Parsons durch den Entwurf seiner
"Paradigmen" zu. Bei einem solchen Paradigma handelt es sich
um eine Form der Modellbildung, also die Absicht, einen Welt-
zusammenhang (die Realität) durch ein semantisches Modell
(eine Beschreibung in Kategorien eines bestimmten Systems)
abzubilden. Die Ordnungsbeziehungen zwischen den einzelnen
Komponenten des Modells sollen dabei den Beziehungen zwischen den entsprechenden Komponenten der Wirklichkeit entsprechen. Das Modell selbst - das Paradigma - muß entsprechend seiner kognitiven Bedeutung gewürdigt werden:

> "...the paradigm itself must be judged in terms of its
> *cognitive* meanings as a 'contribution to knowledge' put
> foreward by one set of human beings for consideration
> and evaluation by others who may be interested in it."

Dies ist die Begründung dafür, daß der "Standpunkt des
Beobachters" mit der Ebene der Systeme des Handelns verknüpft wird. Das gesamte Paradigma wird also aus der Sicht
des "Erlebens und Handelns" formuliert; aus diesem Grunde
muß dieser Systemzusammenhang auch in die "integrative
Zelle" - das "instrumentell-konsumatorische Feld" - eingebettet werden.

Die vertikale Achse wird, wie man sieht, so interpretiert,
daß sie sich auf die Differenzierung zwischen "System" und
"Umwelt" bezieht. Das entscheidende Kriterium für die "internen" gegenüber den "externen" Bezügen liegt auf der symbolischen Ebene der Sinnbildung. "Sinn" entsteht erst auf
der Ebene des Handelns, während die kybernetisch darunter-
stehenden Lebensbereiche entsprechend als "Umwelten" definiert werden müssen. Dies ist zugleich der Grund dafür,

warum telische Probleme und folglich das gesamte telische
System "intern" definiert und in die menschliche Lebenswelt
miteinbezogen werden (AT/HC: 364).

Die zweite Achse ist wiederum als "instrumentell-konsumatorische Achse" definiert. Ursprünglich lag dieser Differenzierung das alte "Zweck-Mittel-Schema" der Ökonomie zugrunde;
die Vorstellung, daß man zunächst "Mittel" (instrumentell)
einsetzen müsse, um "Ziele" (konsumatorische Zustände) zu
erreichen. Dieses Schema wurde von Parsons vielfach re-inter-
pretiert und auf höhere Abstraktionsebenen überführt. Wir
haben in diesem Buch vorgeschlagen, diese Beziehung am besten
auf den teleologischen Charakter der hier vorgenommenen
Systembildungen zu beziehen, so daß es sich - methodologisch
gesehen - einerseits um Prozesse der instrumentellen Anpassung und Stabilisierung sowie der konsumatorischen Sinnbildung andererseits handele. In dieser Interpretation bilden
einerseits die telischen Faktoren transzendente, non-empi-
rische Meta-Konditionen der menschlischen Existenz, andererseits die physische Umwelt durch ihre Naturprozesse materiell-energetische Konditionen. Beide Faktorenkomplexe bilden insgesamt den instrumentellen kybernetischen Mechanismus, der notwendig ist, um sinnhafte Strukturen aufzubauen,
zu erhalten und zu verändern. Die sinnhafte Konstitution
der Wirklichkeit selbst jedoch, die normative Auslegung der
Erlebens- und Handelnswirklichkeit unter dem Aspekt ihrer
Bedeutung für die menschliche Existenz und mithin die Formulierung von Zielen, die "Suspendierung" des menschlichen
Lebens im Gewebe des normativen Kulturgeflechts, dies alles
gehört in die konsumatorische Sphäre, die als teleologischer
Komplex definiert ist. Die Trennungslinie, die im Fall der
ersten Differenzierungsachse zwischen "System" und "Umwelt",
begründet auf dem Problem der Sinnbildung, gezogen wurde,
soll in diesem zweiten Fall auf dem Unterschied zwischen
bloßer "Organisiertheit" gegenüber "ordungserzeugenden" Prozessen mit einer "teleonymischen Struktur" begründet werden

(die Begrifflichkeit ist auf Formulierungen von Henderson
und Mayr bezogen; AT/HC: 365 f.). Parsons selbst schließt
diesen Abschnitt mit folgenden Ausführungen ab:

> *"The principal reason, if it may be claimed to be such,
> for this judgement"* (die Kategorisierung der Phänomene im
> Paradigma) *"is that we conceive empirical living systems
> to be 'bracketed' from two directions. The first encom-
> passes the physical conditions of the environment and of
> the constitution of organisms and of human actors. The
> second direction is constituted by the telic conditions
> of organic and human existence, the transcendental, non-
> empirical, or meta-conditions, whichever phrasing is more
> appropriate. These conditions stand in a relation of
> cybernetic hierarchy to each other; indeed, we consider
> this cybernetic order to be the most important single
> axis of directionality of evolution in the human condi-
> tion at large, including the evolution of the physical
> cosmos, of organic life, and of the phenomena of human
> action..."* (AT/HC: 366)

Man sieht aus diesen Andeutungen, daß es Parsons in seiner
späteren Interpretation seiner Arbeit nicht mehr allein darum
ging, eine Theorie der Soziologie und nicht nur eine Theorie
des Handelns, sondern eine ganz umfassende Theorie der
menschlichen Lebenswelt zu erstellen. Freilich ist dies
eine späte Überhöhung des ursprünglichen Ansatzes, der zunächst explizit auf den Bereich "menschlichen Sozialverhaltens" bezogen war und in dem ein Handlungskonzept dominierte,
das zwischen "Verhalten" und "Handeln" noch nicht sonderlich
scharf differenzierte, ebensowenig wie es eine klare Trennung zwischen den materiell-energetischen Faktoren einerseits und den kybernetischen Sinnkomponenten andererseits
zog - all dies entwickelte sich erst sehr allmählich und
kulminierte in den Theoriebildungen der letzten Publikationen.

In den frühen Arbeiten, so erkennt man hier deutlich, bezog
sich Parsons, bezogen sich auch seine Mitarbeiter - trotz
zahlreicher "Ausflüge" über die Grenzen der Fachbereiche -,
nur auf das "action system", also auf das "integrative Feld"

des Gesamtzusammenhanges, überwiegend sogar nur auf hoch-
spezialisierte Teil- und Subsysteme dieses Feldes.

<table>
<tr><td rowspan="2">Telisches
System</td><td>L</td><td></td><td>I</td></tr>
<tr><td>Kultursystem</td><td>Sozialsysteme</td><td></td></tr>
<tr><td></td><td>Verhalten</td><td>Persönlichkeit</td></tr>
<tr><td></td><td>A</td><td>G</td></tr>
</table>

Systeme des Handelns

Physikalisch-Chemische Systeme | Organisch-biologisches System des Menschen

Dieser Bereich ist in sich, so weiß man als eifriger Parsons-
Schüler, wieder unterteilt in das Verhaltenssystem, das Persönlichkeitssystem das Sozialsystem und das Kultursystem.
Daraus ergibt sich zugleich, daß die Vermittlung nach "oben"
- das heißt zum telischen System, der "transzendenten, non-
empirischen Meta-Realität" - durch das Kultursystem erfolgt
und die Vermittlung nach "unten" - zum biologisch-organischen
System - durch das Verhaltenssystem.

Die nächste - ausführliche - Differenzierung, die innerhalb
von Parsons' Systembildung vorgenommen wird, führt auf die
Ebene der Sozialsysteme - also erneut in die "integrative
Zelle" des Gesamtzusammenhangs. Hier treten folgende Systeme
in den Blickpunkt: das ökonomisch-technologische System, der
Bereich politischer Entscheidungen, das gesellschaftliche Ge-
meinwesen und das kulturelle Treuhandsystem.

<table>
<tr><td></td><td>L</td><td></td><td>I</td></tr>
<tr><td rowspan="2">Kultur</td><td>kult. Treu-
handsystem</td><td>gesell. Gemein-
wesen</td><td></td></tr>
<tr><td>ökonom.-techn.
System</td><td>Politbereich</td><td></td></tr>
<tr><td></td><td>A
Sozialsysteme</td><td></td><td>G</td></tr>
<tr><td>Verhalten</td><td>Persönlichkeit</td><td></td><td></td></tr>
</table>

Hier werden die regulativen Verbindungen entlang der so
wichtigen kybernetischen Hierarchieachse einmal zwischen
Kultur und kulturellem Treuhandsystem, zum anderen durch
die Verknüpfung von Strukturkomponenten der Persönlichkeit
und der "politischen" Komponenten von Sozialsystemen hergestellt.

Diese Aussage bedarf möglicherweise einer kurzen Erklärung:
Mit dem Ausdruck "policy", den Parsons für das "G"-Feld verwendet, ist nicht der Begriff gemeint, der sich im allgemeinen Verständnis von "Politik" (im Sinne etwa "politischer
Sendungen" im Fernsehen) eingebürgert hat. "Polity" in
Parsons' Sinne bezieht sich auf den Prozeß des Ausgleichs
von Interessen in Kollektiven - angefangen auf der "primären" Ebene von persönlichen Interaktionsprozessen, etwa in
der Familie und allen anderen Kleingruppen, über die "Ver-
waltungsebene" in formalen Organisationen mit ihrer explizit
definierten Entscheidungshierarchie (Autorität), weiter über
die "Institutionen-Ebene", auf der die Interessen großer gesellschaftlicher Gruppen artikuliert werden, bis hinauf zur
gesamtgesellschaftlichen Ebene, die heute in der Regel das
gesamte Staatswesen als politisches Kollektiv umfaßt und
deren struktureller Code durch das Herrschaftssystem definiert wird. Auf der Ebene von Sozialsystemen müssen folglich
die "Bedürfnisse" des Persönlichkeitssystems in andere Begriffe übersetzt und sozialsystemisch thematisiert werden.
Sie nehmen hier den Ausdruck von "Interessen" an, der sich
auf den unterschiedlichen Ebenen in je anderer Fassung artikuliert: unmittelbar als persönliche Bedürfnisse auf der
primären Ebene und dann zunehmend als generalisierte kollek-
tive Interessen, die der einzelne mit einer Vielzahl von anderen Individuen teilt, bis sie auf der gesamtgesellschaftlichen Ebene als "Staatsinteressen" deklariert und auf der
Diskussionsplattform der Weltgesellschaft expliziert werden
können.

Betrachtet man die drei Paradigmen der Entfaltung und Differenzierung von Systembildungen, die hier nacheinander kurz
angedeutet wurden, so erkennt man rückblickend, daß die wichtigste Systembildung Parsons' in der Entwicklung der Theorie
der Sozialsysteme lag. Freilich gilt diese Aussage eben nur
deswegen, weil Parsons zugleich ein gewaltiges Maß an Arbeit
in die anderen Paradigmen, die jeweils "jenseits" der Grenz-

zonen liegen, investiert und dabei - dies ist der ganz entscheidende Punkt - die methodologische Einheit der Arbeit
gewahrt hat. Alle Systembildungen sind nach demselben Prinzip, nach derselben Logik vorgenommen worden.

Es soll daher versucht werden, einige Elemente dieser Systembildung an dem paradigmatischen Fall dieser Modellbildungen,
der Theorie der Sozialsysteme, genauer zu untersuchen.

IV. Differenzierung und Integration - Die Theorie der Sozialsysteme und der Interaktionsmedien

1. Nach dem Abschluß der Arbeit an dem ersten "großen" Buch, Structure of Social Action, folgte für Parsons eine Phase vielfältiger Arbeit, allgemeiner Forschung und breit angelegter Vertiefung seiner Interessen. Der größte Einfluß auf Parsons ging in dieser Zeit von dem Physiologen L. J. Henderson aus, der für Parsons wohl einer der wichtigsten Lehrer überhaupt war. Henderson, der selbst einmal Medizin studiert hatte (ohne je praktiziert zu haben), bestärkte Parsons sehr nachdrücklich in seinen biologischen und medizinischen Interessen, was dazu führte, daß sich Parsons explizit der Untersuchung der medizinischen Praxis zuwandte. In derselben Richtung wirkte der Einfluß von Elton Mayo, so daß Parsons viel Zeit am Massachusetts General Hospital zubrachte. Hier wurde Parsons sehr stark mit psychoanalytischen Ansätzen konfrontiert und schließlich durch Mayo nachdrücklich auf seinen Mangel an Kenntnissen über Freud aufmerksam gemacht. Das Studium Freuds und der Psychoanalyse erwies sich dann für die nächsten Jahre als der große Schwerpunkt für Parsons' Arbeit. Dies führte jedoch in keiner Weise dazu, daß sich Parsons vom Institut für Soziologie zurückgezogen hätte; im Gegenteil widmete er den praktischen Problemen seiner Disziplin seine volle Arbeitskraft. So wurde er im Jahre 1942 Präsident der Eastern Sociological Society und 1944 Vorsitzender des soziologischen Instituts. Von 1946 bis 1956 war Parsons Chairman des Department of Social Relations, das in dieser Zeit neu gegründet worden war und neben Soziologie social anthropology sowie social and clinical psychology umfaßte. Dies führte zugleich zu einer engen Zusammenarbeit mit Samuel A. Stouffer, einem Empiriker (der zusammen mit Paul Lazarsfeld - der seinerseits mit Merton ein "Team" in Columbia bildete - als der wichtigste Begründer der empirischen Sozialforschung in den USA angesehen werden muß; Stouffer wurde Direktor des Laboratory of

<u>Social Research</u>). Im Jahre 1949 wurde Parsons schließlich
Präsident der <u>American Sociological Association</u>, die in dieser Periode sehr stark expandierte und dabei ihre Organisationsstruktur erheblich formalisierte, so daß Parsons damit
eine bedeutende Aufgabe übernahm.

2. Man kann verstehen, daß all diese Faktoren - sowohl die
eigene Überzeugung als auch die äußeren Forderungen der Disziplin - Parsons dazu drängen mußten, stärker in Richtung
einer eigentlich <u>soziologischen</u> Theorie zu arbeiten. Eine
erste Dokumentation von Arbeiten, die ihn als Soziologen
ausweisen sollten, bildet der Band <u>Essays in Sociological
Theory - Pure and Applied</u> (1949), dessen Grundlage (zumindest für das wichtige erste Kapitel) ein Harvard-Seminar
über die "Theorie der Sozialsysteme" (im Jahre 1947) bildete. Im Jahre 1948 war Parsons (als Dozent) an das Salz-
burger Seminar eingeladen; im Januar/Februar 1949 ging er
nach London, um weiter über Probleme des Sozialsystems zu
arbeiten. Zugleich entstand in Harvard die Idee eines großen
interdisziplinären Projektes über eine umfassende soziale
Theorie des Handelns, an der Parsons überaus stark engagiert
war. In der akademischen Periode 1949/50 - in der Parsons
zugleich auch Präsident der Soziologischen Gesellschaft war -
beantragte er ein Forschungssemester und arbeitete in dieser
Zeit an seiner Theorie sowie dem großen interdisziplinären
Projekt. Zu diesem Projekt kamen zusätzlich an die Harvard
Universität als Gäste (auf <u>visiting basis</u>) der Soziologe
Edward A. Shils und der Psychologe E. C. Tolman. Aus der
Zusammenarbeit mit Shils entstand - im Rahmen des TGTA -
die sogenannte "Monographie" (VaMoSA), die Parsons selbst
für eine neue und vertiefte Fassung der <u>Structure of Social
Action</u> ansah und für die er gern diesen Titel noch einmal
verwendet hätte.

Seine eigene, erweiterte Fassung der Theorie sozialer Systeme
publizierte Parsons wenig später im <u>Social System</u>. Man muß

daher beide Bände als zusammengehörendes Gesamtwerk betrachten, in denen einerseits ausführlich die allgemeine Theorie
der Systeme des Handelns und andererseits spezifisch die
Theorie der Sozialsysteme entwickelt wird. Beide Bücher erschienen 1951, und die Folgezeit brachte dann eine inten-
sive Weiterarbeit sowohl an inhaltlichen Problemen als auch
an formalen, theorie-technischen Aspekten. Zu der ersten
Gruppe gehören vor allem die sozialpsychologischen und so-
zialisationstheoretischen Arbeiten Parsons', zur zweiten
die Diskussion mit Bales und Shils, die in dem Band Working
Papers in the Theory of Action dokumentiert sind. Diese Dis-
kussionen erwiesen sich als so wichtig, daß Shils für das
Jahr 1952 ausdrücklich nach Harvard eingeladen wurde.

Für die breite Öffentlichkeit erwiesen sich freilich die so-
zialisationstheoretischen Arbeiten Parsons' mit Bales, James
Olds u.a. (Family, Socialization and Interaction Process)
als wichtiger. Diese Arbeiten bezogen sich auf die Kernfami-
lie und ihre Situation in der modernen Industriegesellschaft,
betrachtet im Licht der Kleingruppenforschung und dem Problem der Differenzierung. Das Problem der Differenzierung
von lebenden Zusammenhängen trat für Parsons mehr und mehr
in den Vordergrund, hinter dem die konkreten Probleme nur
noch exemplarische, belegende und beispielhafte Bedeutung
annahmen. Zunehmend verlagerte Parsons sein Interesse auf
eine allgemeine Ebene der Theoriebildung, auf der es darum
ging, die Theorie selbst als Kodifikationsinstrument zu ver-
vollkommnen. Der Anstoß zu einer solchen generalisierenden
Betrachtung ging nicht zuletzt von dem Vergleich seiner spezifisch soziologischen Theorie mit den Problemen der Theoriebildung in anderen Bereichen aus, die sich ebenfalls als
Systemprobleme thematisieren ließen - also auf der Ebene von
"General Systems Theory", mit der Parsons durch die Teilnahme an dem von Roy Grinker organisierten Symposium konfrontiert wurde (vgl. den Beitrag von Parsons: "The Social
System - A General Theory of Action", in GRINKER 1956: 55-69).

Zunächst erfolgte jedoch eine erneute Rückwendung Parsons'
zur Ökonomie. Dies geschah aufgrund einer Gastprofessur, die
Parsons 1953/54 an der University of Cambridge erhielt - und
zwar für die Marshall-Lectures, über die Beziehungen zwischen
ökonomischer und soziologischer Theorie. Man kann sich leicht
vorstellen, daß dieser Antrag für Parsons keine geringe Be-
lastung bedeutete und ihn zu erheblicher Arbeit zwang. So ist
es auch nicht verwunderlich, daß Parsons in dieser Zeit einen
früheren Harvard-Kontakt wieder aufnahm, der sich nun als
hilfreich erweisen konnte - nämlich die Verbindung zu Neil
J. Smelser, der in dieser Zeit als Rhodes-Stipendiat in
Oxford war. Ihre Zusammenarbeit erwies sich als so positiv,
daß sie weit über den Augenblick hinaus Bestand behielt und
schließlich zu dem 1956 veröffentlichten Band Economy and
Society führte.

3.   In der Folgezeit gewann das Systemkonzept für Parsons zunehmend größere Bedeutung. Das ursprünglich wichtigste Arbeitswerkzeug für die Theoriebildung war, nach Parsons' eigener Auffassung, das Instrument der "pattern-variables",
dessen "erste genuine Synthese" (wie er formuliert) in TGTA
erreicht wurde. Ursprünglich konzipiert für die Analyse von
Sozialstrukturen, erwies es sich als komplexes Konstrukt für
das gesamte Handlungssystem, und seine "generalization and
systemization seemed to constitute a real theoretical break-
through..." (SS/AT: 42). Von diesem Konzept machte Parsons
daher in allen Arbeiten dieser Zeit energisch und umfassend
Gebrauch. Dabei zeichnete sich jedoch zunehmend das Thema
der generalisierenden Systembildung als ein Problem ab, das
Parsons doch ursprünglich ganz problemlos erschienen war (so
noch in TGTA). Zwei Faktoren dürften zusammengewirkt haben,
um Parsons für dieses Problem zu sensibilisieren: die Vertiefung in die eigene Aufgabenstellung und zunehmende Zahl
der Anstöße von außerhalb, die Systemkonzepte überall in die
Diskussion und das wissenschaftliche Bewußtsein brachten.

Die theoretische Entwicklung der Systemwissenschaften ist
geprägt durch das Entstehen der Allgemeinen Systemtheorie,
die ihre institutionelle Verankerung in der 1954 gegründeten
"Society for General Systems Research" fand, verbunden mit
den Namen Ludwig von Bertalanffy, Kenneth Boulding, Ralf
Gerad und Anatol Rapaport, die - innerhalb der "American
Association for the Advancement of Science" diese Gesellschaft sowie deren bahnbrechendes Jahrbuch, General Systems,
begründeten. Als ebenso wichtig erwies sich die (Neu-)Be-
gründung der Kybernetik durch Norbert Wiener, dessen Cyber-
netics 1948 erschien; die Strömung aus der Computer-Techno-
logie, in der die Informationstheorie und die Theorie der
Kontrollsysteme theoretisch vereint und generalisiert werden; die mathematische Fassung der Informationstheorie durch
Shannon und Weaver (1949) und schließlich die Entwicklung
der Theorie der strategischen Spiele durch John von Neumann
und Oskar Morgenstern (1947). Diese Andeutungen genügen, um
zu belegen, daß Parsons mit seiner Arbeit in die "große
Systemdiskussion" dieser Zeit hineinstieß und - zumindest
seit dem Grinker-Seminar - aktiv mit dieser Auseinandersetzung konfrontiert war.

Die Arbeit an dem Gemeinschaftswerk Toward A General Theory
of Action und an dem eigenen Buch über das Social System ist
deutlich geprägt von dem allmählichen Wandel, der sich in
Parsons' Konzeption vollzog: dem Wandel der "funktionalistischen Analyse" in "Systemtheorie". Dieser Prozeß der methodologischen Neuorientierung ist mit dem Social System keineswegs abgeschlossen - im Gegenteil: er beginnt damit. Erst am
Ende der fünfziger Jahre entsteht eine genuine Systemtheorie,
deutlich dokumentiert beispielsweise in dem (überaus wichtigen) Aufsatz "An Outline of the Social System" (in PARSONS
et al. 1961; die deutsche Fassung findet sich in JENSEN 1976:
161-274; der Band enthält zugleich auch die wichtigsten anderen Aufsätze Parsons' zur Theorie sozialer Systeme). Dennoch gibt es kaum ein bedeutsameres Werk Parsons' als die

beiden Doppelbände des Jahres 1951. Es soll daher im folgenden Abschnitt versucht werden, einige Aspekte aus diesen beiden Bänden herauszustellen.

1. Handeln und die Bildung von Systemen des Handelns

Bei der Beurteilung des Gemeinschaftswerkes TGTA (sowie des wenig später erscheinenden Social System) muß man sich vor Augen führen, daß diesen Arbeiten eine besondere programmatische Bedeutung zukommt. Auch wenn Parsons seinen Standpunkt in einer großen Zahl von Punkten im Laufe der weiteren Arbeit revidiert und eine geradezu unübersehbare Vielfalt weiterer Konzepte hinzugefügt hat, so bilden diese beiden Bände doch eine so entscheidende Grundlage, daß niemand darauf verzichten sollte, sie - zusammen mit den fortlaufend publizierten Essay-Sammlungen[14] - auch zur Grundlage seines eigenen Parsons-Studiums zu machen. Die folgenden Bemerkungen sollen dazu eine erste Orientierungshilfe bieten.

1. Das beherrschende Ziel des TGTA ist

a) die Formulierung einer "Allgemeinen Theorie der Sozialwissenschaften" (establishment of a general theory in the social sciences) und

b) die Konzeptualisierung dieser Theorie als "General Theory of Action".

Entsprechend findet sich gleich zu Anfang ein "general statement", dessen Aufgabe es ist, eine Darstellung der Grundlagenbegriffe zu liefern,

> "...from which it is intended to develop a unified conceptual scheme for theory and research in the social sciences. In accordance with already widespread usage, we shall call these concepts the _frame of reference of the theory of action_." (TGTA: 4)

Das Ziel besteht also in der Formulierung einer <u>Theorie des Handelns</u>. Aus diesem Grunde liegt auch der entscheidende Akzent der Arbeit im TGTA (sowie im SS) nicht auf dem Begriff des "Systems", sondern auf dem Konzept, das den Systemzusammenhang generiert - <u>Handeln</u>. Für Parsons ist in dieser Zeit der Begriff des "Systems" in keiner Weise problematisch; er stellt die adäquate Bezeichnung eines Interdependenzgefüges dar; vgl. beispielsweise die folgende Definition von "System" (in JENSEN 1976: 275):

> *"Der Begriff 'System' bezeichnet <u>erstens</u> einen Komplex von Interdependenzen zwischen Teilen, Komponenten und Prozessen mit erkennbar regelmäßigen Beziehungen und <u>zweitens</u> eine entsprechende Interdependenz zwischen einem solchen Komplex und seiner Umwelt. 'System' in diesem Sinne ist deshalb der Zentralbegriff aller höherentwickelten Theorie in den begrifflich generalisierenden Wissenschaften. Der Grund dafür ist, daß jede Regelmäßigkeit von Beziehungen am besten begriffen werden kann, wenn sie im Zusammenhang mit dem ganzen Komplex vielfacher Interdependenzen gesehen wird, dem sie angehört."*

Wie erwähnt, gehen in das Gemeinschaftswerk - trotz der grundsätzlichen Einigkeit der beteiligten Wissenschaftler über das Ziel dieses Projektes - ganz unterschiedliche Formen der Zuwendung zum Problem der Theorie des Handelns ein. Für das Studium Parsons' ist daher auch nicht das Buch insgesamt, sondern nur dessen wichtigster Teil, die von Parsons und Shils gemeinsam verfaßte, sogenannte "Monographie" über "Values, Motives, and Systems of Action" (VaMoSA) relevant. Dieser Essay besteht aus fünf Abschnitten; einer Einleitung und einem Schlußteil, dazwischen liegen die Abschnitte über die "Kategorien der Orientierung und der Organisation des Handelns", "Persönlichkeit als Handlungssystem", "Systeme der Wertorientierung" und "das Sozialsystem".

Der erste Abschnitt dient im wesentlichen dazu, die Grundbegriffe einzuführen und dazu zahlreiche Erläuterungen zu liefern. Im Mittelpunkt steht dabei die vielzitierte Definition dessen, was Parsons/Shils unter "Handeln" verstanden

wissen wollen - zielgerichtetes, normativ gesteuertes Verhalten, das Energie, Anstrengung oder "Motivation" erfordert und in einer bestimmten Situation stattfindet. Als Beispiel wird ein Mann betrachtet, der mit seinem Auto zum
Fischen fährt: Sein Ziel ist das Fischen, seine konkrete
Situation der Wagen auf der Straße, wobei sein Fahrverhal-
ten durch normative Regeln gesteuert wird, und dies alles
erfordert von ihm zugleich eine Anstrengung des Körpers
und des Geistes.

Entscheidend ist, daß Erleben und Handeln nicht isolierte
Akte, sondern <u>Systeme</u> bilden. Diese Systeme können unter
verschiedenen Aspekten ihrer Konstitution betrachtet werden,
nämlich unter dem Aspekt der psychischen Bedingungen, dem
Aspekt der Interaktionsbedingungen und dem Aspekt der normativen Muster. Entsprechend thematisieren Parsons/Shils
drei verschiedene Formen der Systembildung - Persönlichkeitssysteme, Sozialsysteme und Kultursysteme.

Der <u>zweite Abschnitt</u> wendet sich dann ausführlich dem Problem zu, in welcher Weise der Begriff der "Persönlichkeit"
in der Handlungstheorie als System rekonstruiert werden
kann. Der <u>dritte Abschnitt</u> setzt sich mit dem Konzept der
"Kultur" auseinander; Grundlage dafür bildet der Begriff
der "Wertmuster" (value-pattern). Der <u>vierte Abschnitt</u>
schließlich liefert eine erste Analyse der Sozialsysteme.
Dieser Teil wird dann ausführlich in dem parallel erscheinenden <u>Social System</u> ausgebaut.

Das wichtigste methodologische Konzept dieser Arbeit ist
(noch nicht das Systemkonzept, sondern) das Konzept der
"<u>pattern-variables</u>". Das Schema der Pattern-Variablen
entstand aus Parsons' Beschäftigung mit den damals gän-
gigen Klassifikationsansätzen, beispielsweise der "Gesell-
schafts:Gemeinschafts"-Dichotomie (Tönnies/Weber). Parsons
versuchte, diesen Ansatz zur Klassifikation von Rollen-

mustern zu verwenden (insbesondere im Hinblick auf die Rolle
des Arztes; vgl. seine Essay-Sammlung von 1949). In der weiteren Arbeit gewann Parsons dann die Einsicht, daß diese
"Variablen" sich nicht allein auf soziale Rollenstrukturen
beziehen würden, sondern ganz allgemein für die Struktur des
Handelns kennzeichnend wären - von der "untersten" Ebene in
der Persönlichkeit bis zur "obersten" Ebene der Kultur. In
der Fassung, die in der "Monographie" verwendet wurde, sollten die Pattern-Variablen die Systematisierung derjenigen
Orientierungsalternativen darstellen, auf die sich ein Aktor
zunächst festlegen muß, ehe eine Situation für ihn eine de-
finitive Bedeutung für sein Erleben und Handeln gewinnt. Die
Pattern-Variablen werden hier also noch ganz im Sinne des
Funktionalismus - zur Kennzeichnung der funktionalen Bedeutung von Strukturelementen - verwendet, aber noch nicht
systemtheoretisch interpretiert. Dieser Wandel in der methodologischen Auffassung vollzieht sich in den folgenden beiden Jahren und wird deutlich in den <u>Working Papers</u> dokumentiert, nämlich durch die Re-Interpretation der Variablen im
Rahmen des AGIL-Schema, das eine systemtheoretische Konzeption darstellt.

Obwohl also der Ansatz der "Monographie" noch keineswegs
systemtheoretischer, sondern durchaus funktionalistischer
Natur ist, finden sich dennoch bereits zahlreiche Anstren-
gungen, die zu konzipierende "Allgemeine Theorie" in die
Gestalt einer Systemtheorie zu bringen. Eine große Zahl von
Überlegungen richtet sich explizit auf den Begriff des
"Systems". Das Ziel ist dabei die Formulierung dessen, was
von den Autoren als "empirisch-theoretisches System" bezeichnet wird - damit meinen sie ein System, das einerseits einen Komplex empirischer Tatbestände formuliert,
andererseits diese empirischen Zusammenhänge in Form eines
theoretischen Systems rekonstruiert. Hinter diesem Ziel
steht eine komplexe Interpretation des Verhältnisses von
Empirie und Theorie, die keinesfalls einem simplen "Abbil-

dungsmodell" entspricht. Nach Parsons' Auffassung wird die
Alltagswelt in Form der theoretisch formulierten Systeme
<u>rekonstruiert</u> - freilich dauert es noch geraume Zeit, bis
diese Konzeption der Rekonstruktion voll entfaltet ist. Zunächst geht es allein darum, die einzelnen Systembildungen
des Erlebens und Handelns in ihrer ganzen Fülle durch die
Formulierung einer entsprechenden Vielzahl von Begriffen
für "die Mühlen der Kodifikation" vorzubereiten.

Der wichtigste Inhalt der Monographie besteht also zunächst
in der Analyse des Begriffskomplexes, aus dem die <u>Systembil-
dungen</u> entwickelt werden. Betrachten wir die systematischen
Definitionen um zu verstehen, wie "Handeln als Prozeß der
Systembildung" konzeptualisiert wird:

> *"Vier Punkte sind in dieser Konzeptualisierung (nämlich
> der Theorie des Handelns als Schema der Analyse des Ver-
> haltens - behavior! - lebender Organismen) zu beachten:*
>
> *(1) Verhalten richtet sich auf das Erreichen von Absich-
> ten, Zielen oder anderen antizipierten Zuständen.*
>
> *(2) Verhalten findet in (bestimmten) Situationen statt.*
>
> *(3) Verhalten ist normativ gesteuert.*
>
> *(4) Verhalten erfordert einen Aufwand an Energie oder
> Anstrengung oder 'Motivation'...*
>
> *Wenn und soweit Verhalten in dieser Weise analysiert
> werden kann, soll von 'Handeln' gesprochen werden."
> (TGTA: 53)*

Der Begriff des "Verhaltens" (behavior) ist hier etwas irreführend, weil er die Vorstellung suggeriert, die Theorie be-
ziehe sich auf konkrete (physische) Abläufe, die Motorik der
Bewegungen, die biophysischen Reaktionen oder ähnliches.
Diese Vorstellung (und auch der Begriff des "Verhaltens")
wurde von Parsons im Verlauf der weiteren Arbeit jedoch vollkommen preisgegeben. Am deutlichsten kommt dies in der - später eingeführten, also in TGTA noch nicht vorfindlichen -
Konzeption des "behavioral organism" - des Verhaltensorga-
nismus als <u>Handlungssubsystem</u> - zum Ausdruck. Lidz/Lidz

haben, um den Punkt, um den es geht, noch deutlicher herauszustellen, sogar ausdrücklich vom "behavioral system" gesprochen (in LOUBSER et al. 1976: 132). Parsons hat diese Begriffsbildung, wenn auch nicht mit denselben Konsequenzen wie Lidz/Lidz, im Prinzip übernommen; vgl. beispielsweise PARSONS/PLATT 1973 oder PARSONS 1975: 104 sowie PARSONS 1977: 106, Fußnote 17. Dort schreibt Parsons:

> *"I have recently come to be convinced through a paper written by Victor and Charles Lidz that this particular designation of the fourth primary subsystem of 'action' (viz. 'behavioral organism') is not correct and should be replaced by what the Lidzes call the 'behavioral system', which centers on what we sometimes call the 'cognitive functions'..."*

Der Punkt wird hier nur deswegen so nachdrücklich betont, um über das Konzept des "Handelns" kein Mißverständnis entstehen zu lassen.

Wenden wir uns dem Begriff des "Handelns" zu:

> *"Alles Handeln ist Handeln eines Aktors, und es findet in einer Situation statt, die aus Objekten besteht. Die Objekte können entweder weitere Aktoren oder aber physikalische oder schließlich kulturelle Objekte sein. Jeder Aktor baut ein System von Objektbeziehungen auf; hier soll von seinem 'Orientierungssystem' gesprochen werden.*
>
> *Das Orientierungssystem eines Aktors setzt sich aus einer großen Zahl spezifischer Orientierungen zusammen. Jede dieser 'Handlungsorientierungen' ist eine (explizite oder implizite, bewußte oder unbewußte) 'Vorstellung', die der Aktor von der Situation hat - in bezug auf seine Wünsche, seine Sicht der Dinge und seine Absicht, von dem, was er sieht, zu dem zu gelangen, was er will." (TGTA: 54)*

Es ist interessant festzustellen, daß Parsons im weiteren Vorgehen den zentralen Begriff des "Systems" nicht für problematisch oder erklärungsbedürftig hält: Von der Definition des Begriffs "Handeln" geht er - in beiden Büchern - zwanglos zu Systemen des Handelns über:

> *"'Action' is a process in the actor-situation system which has motivational significance to the individual actor... It is a fundamental property of action thus*

> *defined that it does not consist only of ad hoc 're-*
> *sponses' to particular situation 'stimuli' but that the*
> *actor develops a <u>system</u> of 'expectations' relative to*
> *the various objects of the situation..." (SS: 4 f.)*
>
> *"...acts do not occur singly and discretely, they are*
> *organized in systems..." (SS: 7)*

Eine ganz ähnliche Formulierung wird in TGTA verwendet:

> *"Die Theorie des Handelns ist ein Begriffsschema für die*
> *Analyse des Verhaltens lebender Organismen...*
>
> *Handeln besteht nicht aus isolierten einzelnen Akten,*
> *sondern bildet eine Konstellation, die wir mit dem Be-*
> *griff des 'Systems' bezeichnen. Wir haben es dabei mit*
> *drei Systemen zu tun, mit drei Formen, in denen sich*
> *die Organisierung der Elemente des Handelns vollziehen*
> *kann..." (TGTA: 54)*

Halten wir als einen entscheidend wichtigen Punkt fest:
Parsons betrachtet Handeln als einen Prozeß, der <u>systembil-</u>
<u>dend</u> ist. Parsons geht des weiteren davon aus, daß derartige
systembildende Prozesse am besten mittels eines bestimmten
methodologischen Konzeptes zu analysieren sind: der Systemtheorie. Diese Aussage mag spitzfindig erscheinen, hat aber
durchaus ihren Sinn. Parsons beginnt nämlich seine Arbeit
tatsächlich in einer Weise, die nahelegen könnte, er habe
sich für die <u>Systemtheorie als Werkzeug</u> entschieden, <u>nach-</u>
<u>dem</u> er einmal festgestellt hatte, daß er in der <u>Wirklich-</u>
<u>keit lauter Systeme</u> vorfinden würde. Aber diese Auffassung
ist natürlich nicht haltbar, man muß sie "vom Kopf auf die
Füße drehen": Eben weil Parsons sich entschließt, von dem
Konzept der Systemtheorie Gebrauch zu machen, muß der zentrale Gegenstand seiner Theorie notwendigerweise <u>als System</u>
<u>konzeptualisiert</u> werden. Wie schon im früheren methodologi-
schen Abschnitt erwähnt, kommen in der Wirklichkeit keine
"Systeme als solche" vor; wir können uns lediglich entschlie-
ßen, bestimmte Zusammenhänge <u>als Systeme zu betrachten</u>. Zu
eben dieser Entscheidung hat sich Parsons in der Arbeit dieser Jahre bewegt, ihre methodologischen Implikationen aber

erst allmählich erfaßt - daher dieses eigentümliche Schwanken der Definitionen und Konzepte, die erst in der weiteren Durcharbeitung im Laufe der folgenden Jahre ihre volle Präzision gewinnen.

2. In früheren Bemerkungen wurde bereits angedeutet, daß Parsons zwar auf allen Gebieten der Handlungstheorie umfangreiche Arbeit geleistet hat, um das Programm der fünfziger Jahre (TGTA) zu erfüllen, dabei das größte Gewicht allerdings der Theorie der Sozialsysteme zukommen mußte. Dies dürfte nicht zuletzt damit zusammenhängen, daß Parsons den eigentlichen Aufgabenbereich der Soziologie von Anbeginn folgendermaßen gesehen hat:

> *"Sociological theory, then, is for us <u>that aspect of the theory of social system which is concerned with the phenomena of the institutionalization of patterns of value-orientation in the social system</u>, with the conditions of that institutionalization, and of changes in the patterns, with conditions of conformity with and deviance from a set of such patterns and with motivational processes in so far as they are involved in all of these."* (SS: 552)

Um die Bedeutung dieser Aussage zu würdigen, muß man denselben Gedanken Parsons' an einer späteren Stelle wieder aufnehmen:

> *"Two propositions are most fundamental as points of departure for analyzing these interrelations. The first is that, of the major components of the cultural systems, the evaluative component is strategically most crucial to the society. Cultural values form the major cultural component of the structure of social systems. The second proposition is that a value-pattern, to become a structural part of a social system - i.e. for its relation to the control of interaction to be stabilized - it must become institutionalized."*

> *"... <u>Communication</u> is the action process which is the source and the bearer of cultural creation and maintenance."*

> *"... In the cultural system, the evaluative components are those parts shaped by their relation to the function of integrating the eternal object, the pattern aspect of cultural systems, with the exegencies of actual communi-*

cation. In the general system of action, social systems have the parallel position, especially as the mediating, integrating structures and processes of action standing between cultural systems and the personalities of individuals. Evaluative patterns are critical for institutionalization in social systems, while cathectic patterns and expressive symbolization have a parallel significance as the primary cultural component in personalities."

"... Institutionalization is the fulfillment of these conditions of integration as an effectively operative part of an empirical system of action."

"... In a sense, a social system can be considered as suspended in a web of cultural definitions..."
(Parsons et al. 1961: 979)

Dies ist eine zentrale These Parsons', und folgerichtig hat er den größten Teil seiner Arbeit auch tatsächlich der Aufgabe gewidmet, in dem Interpenetrationszusammenhang von Kultur und Sozialsystem die Frage, wie es zur Bildung von gesellschaftlicher Ordnung kommt (Hobbes' Question of Order), zu beantworten, wobei die Antwort eben prinzipiell in dieser angedeuteten Dimension der <u>Integration</u> liegt, nämlich in der Art und Weise, wie bestimmte Elemente der Kultur durch Prozesse der Institutionalisierung als normative Struktur des Handlungssystems im Sozialsystem verankert werden.

Wie entsteht für Parsons der Begriff des Sozialsystems überhaupt? Parsons entwickelt dieses Konzept aus dem Grundkonzept "Handeln":

"'Action' is the process in the actor-situation system which has motivational significance to the individual actor, or, in the case of a collectivity, its component individuals...

It is a fundamental property of action thus defined that it does not consist only of ad hoc 'responses' to particular situational 'stimuli' but that the actor develops a <u>system</u> of 'expectations' relative to the various objects of the situation... in the case of interaction with social objects a further dimension is added. Part of ego's expectation... consists in the probable reaction of alter to ego's possible action, a reaction which comes to be anticipated in advance and thus to affect ego's own choices...

> *Various elements of the situation come to have special*
> *vant to the organization of his expectation system. Es-*
> *pecially where there is social interaction, signs and*
> *symbols acquire common meanings and serve as media of*
> *communication between actors. When symbolic systems which*
> *can mediate communication have emerged we may speak of*
> *the beginnings of a 'culture' which becomes part of the*
> *action systems...*
>
> *Reduced to the simplest possible terms, then, a social*
> *system consists in a plurality of individual actors*
> *interacting with each other in a situation which has*
> *at least a physical or environmental aspect, actors who*
> *are motivated in terms of a tendency to the 'optimization*
> *of gratification' and whose relations to their situations,*
> *including each other, is defined and mediated in terms of*
> *a system of culturally structured and shared symbols."*
> *(SS: 4-6)*

Man sieht, daß Parsons von der <u>Interaktion</u> zwischen Menschen
ausgeht. Interaktion ist der sich in der sozialen Realität
- der Lebenswelt - vollziehende Prozeß des Handelns. Durch
ihn werden die Handlungssysteme geschaffen, erhalten und
verändert. Der Prozeß des Handelns, die Interaktion, kommt
zustande, weil die einzelnen Menschen im Verband ihrer Gemeinschaft <u>Systeme der Orientierung</u> entwickeln, also ein
Netzwerk von Vorstellungen über ihre Umwelt und deren Gegebenheiten (vor allem der Mitmenschen), ihre Bedeutung usw.
Dieses komplexe System der Orientierung, das als symboli-
sches, komplementäres und gemeinsames Kultursystem einer
Gruppe von Menschen aufgebaut wird, führt dazu, die "Reaktionen" (responses) normativ zu durchformen und zu einem
<u>System von Selektionen</u> auszubauen. Handlungssysteme sind
nichts anderes als derartige Systeme von Selektionen, die
eine Gruppe von Menschen in der Interaktion, also im Prozeß
des Handelns, "immer wieder" verwendet.

Entscheidend ist dabei aber zunehmend neben der Entwicklung
des Grundbegriffs "action" die Vorstellung der Systembildung
als einem im Handeln immanent angelegten Prozeß. <u>Handeln</u>
<u>selbst ist ein Prozeß der Systembildung</u>, Interaktion ist
ein Systemprozeß im strengen Sinne:

> *"The fundamental starting point is the concept of social
> systems of action. The interaction of individual actors,
> that is, take place under such conditions that it is
> possible to treat such a process of interaction as a
> system in the scientific sense and subject it to the
> same order of theoretical analysis which has been suc-
> cessfully applied to other types of systems in other
> sciences.*
>
> *... The frame of reference concerns the 'orientation' of
> one or more actors - in the fundamental individual case
> biological organisms - to a situation, which includes
> other actors. The scheme, that is, relative to the units
> of action and interaction, is a relational scheme. It
> analyzes the structure and processes of the systems built
> up by the relations of such units to their situations,
> including other units.*
>
> *... The situation is defined as consisting of objects of
> orientation... it is conveniant in action terms to clas-
> sify the object world as composed of the three classes
> of 'social', 'physical', and 'cultural' objects."*
> *(SS: 3 f.)*

Das zunächst als Grundbegriff gewählte Konzept des "Handelns"
wird abgelöst durch das fundamentale Konzept der "Systeme des
Handelns". Das Denken in Systemen, Funktionen und Strukturen,
in systemischen Austausch- und Wechselwirkungsvorgängen, kybernetischen Steuerungsprozessen und Input-/Output-Analysen
tritt an die Stelle der früheren Verhaltenstheorie.

Dieser Übergang vollzieht sich, wie erwähnt, im Laufe der
fünf Jahre, die zwischen den beiden großen programmatischen
Arbeiten - TGTA und SS - einerseits und dem Buch über "Wirtschaft und Gesellschaft" andererseits liegen. In diesen Jahren arbeitete Parsons - zusammen mit Bales und Shils - über
Probleme, die in dem Interpenetrationsfeld zwischen Persönlichkeit und Sozialsystem liegen. Der Begriff der Interpenetration, der in dieser Zeit entstand[15] und in der Folgezeit
immer stärkere Bedeutung gewann, soll andeuten, daß sich
hier Systembereiche wechselseitig durchdringen, so daß eben
dieser Prozeß der Durchdringung etwas qualitativ Neues
schafft - ein besonderes "Feld" mit besonderen Wirkungs-

kräften. Diese Vorstellung zwang Parsons zugleich dazu, das
Konzept der "Systeme des Handelns" immer schärfer zu fassen
- ein Prozeß, den die Rezeption und Kritik Parsons' leider
oft nicht mitvollzogen hat.

Versuchen wir, zunächst hierzu einige Aspekte herauszuarbeiten. Die ursprüngliche - und nach wie vor weit verbreitete -
Auffassung der Theorie des Handelns beruht im wesentlichen
auf einer Gleichsetzung von "Verhalten" und "Handeln"
- einem materiell-energetischen Prozeß, der bestimmte,
physikalisch registrierbare Veränderungen in einer beobachtbaren Situation - zusammengesetzt aus einer Vielzahl
von Objekten - bewirkt und dabei seinerseits sowohl von
Situationsbedingungen als auch von den besonderen operati-
ven Bedingungen des Verhaltenssystems abhängig ist.

Von dieser Auffassung geht auch Parsons aus. Erst allmählich
kristallisiert sich aus dieser ganz umfassenden Verhaltens-
konzeption seine spezifische Systemkonzeption heraus, die
auf der sukzessiven Preisgabe aller physiologischen Komponenten besteht.

Es ist vermutlich am einfachsten, sich die Konzeption
Parsons' an einem Beispiel zu verdeutlichen: Betrachten
wir zwei Personen, Ego und Alter, die miteinander inter-
agieren und über die Zeit hinweg bestimmte Beziehungen zueinander entwickeln. Die Entwicklung solcher Beziehungen
bedeutet, daß es hier nicht nur zwei Menschen gibt, sondern
zwei Menschen _und_ ein Sozialsystem - ein System, das sogar
dann besteht, wenn keiner der beiden Partner anwesend ist.
Das System, das die beiden verbindet, kann unterschiedlich
sein - ein Familienband, eine Freundschaftsbeziehung, Liebe,
Ehe, eine Geschäftsbeziehung, eine Partnerschaft in einem
Sportverein, all dies (und vieles mehr) sind mögliche Sozialsysteme. Entscheidend ist, daß man dieses System als ein
soziologisches Objekt für sich erkennt, deutlich abgehoben

von der Ebene der Personen, die es verbindet. Eine Ehe, beispielsweise, als Sozialsystem ist ein soziologisches Objekt
für sich, das beide Partner ebenso als "lebendigen Zusammenhang" betrachten und behandeln müssen wie ihre eigenen Leib-
Seele-Systeme. Aus diesem Grunde kann ein Sozialsystem auch
nicht, obwohl dies viele verkannt haben, aus Menschen zusammengesetzt sein - die Menschen selbst sind für das Sozialsystem Umwelt, sie gehören nicht zum System, das ein Objekt
für sich ist. Für Ego und Alter ist ihr Sozialsystem (beispielsweise eine Ehe) ein überaus bedeutsamer Teil ihrer
Lebenswelt: Von jedem einzelnen aus gesehen gibt es in der
Welt zunächst das eigene Ich und ihm gegenüber Alter. Beide
können sich jedoch nie direkt und "rein" erfahren; ihr Erleben und Handeln ist unaufhebbar an das Sozialsystem ge-
knüpft, das mit jedem ihrer Akte entsteht und lebt. Sozialsysteme sind so ubiquitär und lebensnotwendig wie die Luft,
die wir atmen, und zugleich um vieles komplizierter, weil
sie - anders als die Luft - von uns selbst im Handeln geschaffen sind. Die Geschichte jeder Beziehung, sei sie eine
Beziehung zwischen nur zwei Menschen oder großen Gruppen von
Menschen, ist zugleich die Biographie eines dynamischen Sozialsystems - eines Systems, das aus der Interaktion konkreter Individuen entsteht, aber einmal entstanden, eine eigene
Realität hat und sogar dann noch bestehen kann, wenn keines
der Individuen mehr lebt, dessen Handeln seinen Zusammenhang
einmal begründete (vgl. Parsons in GRINKER).

Diese Bemerkungen, die hier speziell auf Sozialsysteme bezogen wurden, gelten für alle Systeme des Handelns - dieser
Umstand wird in dem Maße klarer, in dem man die besondere
Natur von Sozialsystemen begreift. Sozialsysteme stellen
nur einen Aspekt - oder eine Dimension - der Systeme des
Handelns insgesamt dar. Sozialsysteme sind Systeme des Handelns, aber ein "vollständiges" System weist nicht nur eine
sozialsystemische Dimension auf, sondern umfaßt darüber hinaus auch die Dimension des Verhaltenssystems, des Persönlich-

keitssystems und des Kultursystems. Diese Systeme - die jeweils alle nur analytische Konstruktionen sind, also in der
Wirklichkeit nicht "als solche" vorkommen, so wenig wie man
in der Wirklichkeit eine Menge "als solche" vorfindet - können, genau wie Sozialsysteme, als eigenständige "soziologische Objekte" betrachtet werden.

Vielleicht ist es notwendig, noch einmal deutlich zu erklären, wie das Verhältnis der analytischen Subsysteme zum Ge-
samtsystem zu verstehen ist. Parsons rekonstruiert die Lebenswelt in Form von einzelnen ausdifferenzierten und in
ihrer Funktion spezialisierten Systemen. Jedes dieser
Systeme ist, für sich betrachtet, eine analytische Abstraktion aus einem umfassenderen Gesamtzusammenhang. Wer sein
Augenmerk insbesondere auf "Sozialsysteme" richtet, verzichtet bewußt und notwendigerweise auf eine Reihe von Einsichten, die sich dann erschlössen, wenn man andere - beispielsweise Persönlichkeitssysteme - ins Auge faßte. Freilich hätte die Zuwendung zu diesen Systemen wieder den Ver-
zicht auf sozialsystemisch verfügbare Einsichten zur Folge
usw. Indem Parsons allerdings die jeweiligen Systeme von
vornherein als "offene" und mit der Umwelt "interagierende"
"Systeme-in-Systemen" konzipiert, ist er in der Lage, einmal verfügbare Einsichten eines Systems in die anderen
Systemzusammenhänge zu übertragen. Ein Beispiel dafür ist
die umfangreiche Arbeit Parsons' im Bereich zwischen personalen und sozialen Systemen (ebenso aber auch im Bereich
zwischen Sozial- und Kultursystem), die es ihm ermöglicht
haben, die Erkenntnisse eines Bereichs durch die Konzeption
besonderer Mechanismen der Selektion und des Transfers in
die benachbarten Systembereiche zu übertragen. Aus diesem
Grunde ist es zwar zutreffend, daß (beispielsweise) Sozialsysteme immer nur eine partielle Rekonstruktion des Zusammenhangs der Lebenswelt darstellen, sie aber dennoch alle
Aspekte des gesamten Handlungszusammenhanges reflektieren

können - allerdings aus ihrer spezifischen (sozialsystemi-
schen) Sicht.

Um die Sachlage in einem Vergleich auszudrücken: Man könnte
eine Versammlung von zahlreichen Personen betrachten, zugleich aber alle Aspekte dieser Versammlung, all die Ein-
drücke, Emotionen, Interessen und ihre sonstigen Elemente
literarisch auf eine einzige Person projizieren und sie als
das Erleben dieses einen Subjektes darstellen. Der Soziologe
geht in seiner Rekonstruktion noch einen Schritt weiter und
betrachtet die gesamte Handlungssituation so, wie sie sich
im Sozialsystem darstellt. Die Versammlung, beispielsweise,
auf die sich der Vergleich bezog, könnte eine politische
Wahlversammlung sein - und als solche wäre sie zugleich ein
Sozialsystem, ein soziologisches Objekt sui generis. Ein
guter politischer Stratege wird dies genau berücksichtigen.

Der entscheidende Punkt all dieser Bemerkungen, auf den der
Leser geführt werden soll, besteht darin: zu erkennen, daß
Sozialsysteme (allgemein: Systeme des Handelns) <u>eigenstän-
dige Objekte</u> sind. Natürlich liegen sie nicht auf derselben
Ebene der Realität wie Menschen und physische Objekte oder
ähnliche Gegenstände der sinnlichen Wahrnehmung. Sie sind
<u>soziologische Objekte</u>, das heißt Gegenstände, die ihre
Existenz nur innerhalb der soziologischen Theorie haben
und dort als Rekonstruktionen einer besonderen Klasse von
Phänomenen der Alltagswelt interpretiert werden müssen.

Mit anderen Worten: Der Begriff der "Sozialsysteme" thematisiert in einer theoretischen (und folglich sehr stark ab-
strahierten und generalisierten) Weise alltägliche und folglich sehr vage und mehrdeutige Komponenten unserer Erfahrung. Der Soziologe, der sich diesen Phänomenen zuwendet,
sollte sensibel und empfindsam für die eigenartige Reali-
tätsstufe soziologischer Objekte werden, und dazu gehört
vor allem, daß er die Eigenständigkeit von Systemen des

Handelns erfaßt. Parsons zumindest entwickelt im Laufe der
Arbeit an dem Verhältnis von personalen und sozialen Systemen
ein überaus deutliches Empfinden dafür, daß Sozialsysteme
tatsächlich ihre eigene Geschichte haben und - auf der allgemeinen Ebene der Systemtheorie - in derselben Weise thematisiert werden müssen wie andere dynamische, "lebende"
Systeme.

3. Den eigentlichen "Durchbruch" von einer funktionalistischen Theorie zur Systemtheorie vollzog Parsons endgültig
in dem (zusammen mit Neil J. Smelser geschriebenen) Buch
Economy and Society (1956). Wichtig ist dieser Ansatz vor
allem deswegen, weil er einen bestimmten Ansatz der Sozialwissenschaften, nämlich das Modell der Ökonomie, paradigmatisch für die gesamte Handlungstheorie übernahm: das Modell
des Kreislaufs, zirkulierender realer und symbolischer
Ströme, Input-/Output-Interchanges.

Parsons thematisierte die Theorie der Sozialsysteme als eine
Theorie differenzierter Systeme. Ein solcher Ansatz geht davon aus, daß ein System in einer sich wandelnden Umwelt ständigen Anpassungsproblemen ausgesetzt ist. Diesem Druck vermag das System zu begegnen, indem es differenzierte und spezialisierte Subsysteme ausbildet, die jeweils "Lösungen"
- das heißt besondere Interaktionsrituale und Selektions-
verfahren - entwickeln und auf Dauer stellen. Die Aufgabe,
der sich Parsons gegenübersah, bestand also zunächst darin,
die Struktur von Sozialsystemen unter dem Aspekt der Differenzierung - der Ausformung evolutionär gebildetet Subsysteme des Handelns, spezialisierter Handlungsketten, auf
Dauer gestellter, institutionell abgesicherter Selektionsmechanismen - zu analysieren und diese System-/Subsystem-
bildungen in seiner Theorie zu kodifizieren.

Der erste Schritt zur Bewältigung dieses Problems bestand
in der Differenzierung des Sozialsystems "Gesellschaft" in

die vier Subbereiche "Economy, Polity, Societal Community
und Fiduciary Subsystem". Diese Subsysteme sind jedoch
ihrerseits offenbar nur stark aggregierte Blöcke, die in
der weiteren Analyse zerlegt und detaillierter betrachtet
werden müssen. Mit anderen Worten: Ein Bereich wie der der
Wirtschaft oder der Politik muß in der nächsten Stufe der
Analyse erneut als "System" in einer "fluktuierenden Umwelt" behandelt und mithin unter dem Aspekt seiner internen
Differenzierung, seiner Ausbildung spezialisierter Reak-
tionsketten und Institutionenmuster usw. analysiert werden.
Formal geschieht dies durch Verwendung derselben "vier
Funktionsprobleme", die jedes System - um als Systembildung des Handlungstheoriezusammenhangs Bestand zu haben -
"lösen" muß. In empirischen Analysen zeigt sich dabei in
der Regel, daß keineswegs alle vier Probleme jeweils
"gleichgewichtig" gelöst sind - beispielsweise sind in
der Entwicklung der modernen Industriestaaten ökonomisch-
technologische Strukturen wesentlich stärker entfaltet
als solidarische Gemeinschaftsbildungen unter dem Aspekt
der Integration[16]. Es ergibt sich also bei der differenzierenden Betrachtung von System-/Subsystemzusammenhängen
keineswegs eine schematische Zerlegung in zunächst vier,
dann sechzehn, dann vierundsechzig Felder usw. Vielmehr
dringt eine solche differenzierende Analyse nur an einigen
Stellen in größere Tiefe vor, während sich die übrigen Zusammenhänge gemäß ihrer geschichtlichen Entfaltung eher
"flächig" und weniger stark gegliedert darstellen.

Die Differenzierung nach Subsystemen ist keineswegs die einzige Form der methodologischen "Zerlegung" geblieben, die
Parsons für die Analyse gesellschaftlicher Zusammenhänge
entwickelt hat. Ein zweites, in seiner empirischen Bedeutung außerordentlich wichtiges Prinzip bestand in der Konzeption von "Organisationsebenen der Sozialstruktur", die
Parsons in Verfolg des Ausbaus seiner Organisationssoziologie entwickelte (in JENSEN 1976: 85). Bei Durchsicht der

üblichen organisationssoziologischen Ansätze fiel es Parsons
auf, daß in der Betrachtung von "Gruppen" oder "Kollektiven"
strukturell im Grunde stets nur ein einziger Parameter verwendet wurde, der sich auf "Größe" oder "Organisationsgrad".
bezog. Demgegenüber wandte Parsons ein, daß man es bei der
Betrachtung von Sozialsystemen mit ganz unterschiedlichen
Aggregationsniveaus zu tun haben könne, die folglich sorgfältig unterschieden werden müßten.

Die Idee, die Parsons verfolgte, läßt sich sehr gut an einem
nicht-soziologischen, sondern rein "technischen" Beispiel
entwickeln. Betrachten wir ein Haus, so können wir diese Betrachtung beispielsweise auf die einzelnen Räume, aus denen
es sich zusammensetzt, richten. Eine nächsthöhere Aggrega-
tionsebene ergibt sich, wenn man statt der einzelnen Zimmer
jeweils eine komplette Einheit (Wohnung) ins Auge faßt. Eine
noch höhere Ebene der Aggregation stellt die Zusammenfassung
aller Wohnungen einer Ebene zu dem Begriff der "Etage" dar.
Und schließlich können wir auf der höchsten Aggregations-
ebene das Haus insgesamt als die Bezugseinheit der Betrachtung wählen.

Eben diese Idee wandte Parsons auf Sozialsysteme an und
führte folgende "Organisationsebene der Sozialstruktur" ein:
eine "primäre" Ebene der Interaktion zwischen den einzelnen
Individuen in ihren Rollen (primary level; face-to-face-
interactions). Die nächsthöhere Ebene ist die "klassische"
Ebene der Organisationssoziologie, die sich auf die formalen
Aspekte des "Managements" bezieht (managerial level). Die
nächsthöhere Ebene stellt die Zusammenfassung aller Organisationen eines bestimmten Bereichs zu einem Institutionen-
komplex (dem Schulwesen, der Industrie, dem Bibliotheks-
system usw.) dar; hier spricht Parsons entsprechend von der
"Institutionen-Ebene" (institutional level). Schließlich
wird die vierte und höchste Ebene durch die Betrachtung der
Gesamtgesellschaft als (heute zumeist politisch) organi-

sierter Einheit (in Gestalt des modernen Staatswesens) gebildet (societal level).

Man muß in der konkreten empirischen Analyse folglich <u>beide</u>
Prinzipien miteinander kombinieren, also sowohl das Prinzip
der vier Systemprobleme als auch das Prinzip der Organisa-
tionsebenenanalyse anwenden, um einen bestimmten Bereich
formal hinreichend zu bestimmen.

Wie bereits früher erwähnt, bildete das Modell, von dem
Parsons ausging, die Ökonomie: der Austauschprozeß zwischen
interagierenden Einheiten, Kreislaufbeziehungen, Input-/
Output-Analysen. Von diesen Überlegungen machte Parsons
ebenfalls Gebrauch. Sobald man nämlich damit beginnt,
System-/Subsystembeziehungen zu konzipieren, entsteht notwendig die Frage, in welcher Weise sich die spezialisierten Austauschbeziehungen zwischen diesen Systemkomponenten
vollziehen, welche spezifischen Leistungen die Parteien jeweils erbringen, über welche "Märkte" diese Leistungen jeweils verfügbar werden usw. Eine systematische Darstellung
dieser Beziehungen entwickelte Parsons vor allem in dem Aufsatz "Outline" (in JENSEN 1976: 220 ff.). Dabei ging Parsons
von folgender Überlegung aus: Jedes System, das mit anderen
in einer Interaktionsbeziehung steht, liefert einerseits
Outputs, es braucht andererseits, um seine Leistungsfähigkeit aufrechtzuerhalten, Ressourcen, die es zum Teil selbst
verbraucht, zum Teil in Outputs umwandelt. Das Problem liegt
also darin, in einer Analyse, die eine Menge von Systembereichen miteinander verknüpft, zu untersuchen, welche Konzepte
als Ressourcen verwendet werden, wie diese Ressourcen im
System verteilt werden und wie sie schließlich in anderen
Systembereichen verwertet werden.

Diese Form der Input-/Output-Interchanges entwickelte Parsons
bis zu einem gewissen systematischen Abschluß, den seine
Theorie im Laufe der sechziger Jahre erreichte. Danach be-

gann zunehmend ein anderes Problem in den Vordergrund zu treten, das sich bereits in _Economy and Society_ angedeutet hatte und in allen folgenden Veröffentlichungen eine Rolle spielte, aber erst mit zwei Essays voll zum Durchbruch kam: das Problem der Medien.

4. In der Periode nach der Veröffentlichung der beiden grundlegenden Bücher zur Theorie der Handlungssysteme und der Theorie des Social System wandte sich Parsons in der Folgezeit einer Vielzahl von einzelnen Problemen zu, um das Programm weiter auszuführen, das abgesteckt war. Ein Großteil seiner Anstrengung richtete sich dabei insbesondere auf den Bereich der Psychologie oder genauer: auf den Versuch, die Theorie der Persönlichkeitssysteme im Verständnis, wie es in TGTA entwickelt worden war, weiter auszuarbeiten. Ihren prinzipiellen Abschluß fand diese Phase sehr stark psychologisch orientierter Arbeit nach einer Reihe von bemerkenswerten Publikationen mit dem Essay "An Approach to Psychological Theory in Terms of the Theory of Action" (1959).

Bereits im Jahre 1953 kam es in der Kooperation mit Bales und Shils zu einer grundsätzlichen Überarbeitung der methodologischen Basis, auf der die gesamte Theorie beruhte. Diese Veränderung wird im wesentlichen in Kapitel III sowie Kapitel V der _Working Papers_ dargestellt. Den Anstoß bildete zweifellos die Notwendigkeit, das abstrakte Schema der Pattern-Variablen im Hinblick auf empirische Beobachtungsprobleme und die Interpretation konkreten Verhaltens in der Kleingruppenforschung, so wie sie Bales in bahnbrechender Form in Harvard betrieb, anzupassen.

In der Folgezeit erschien dann eine Fülle von Arbeiten, die die einzelnen Systembereiche immer klarer hervortreten ließ. Die endgültige Gestalt schließlich, die allerdings erst in den Arbeiten seit den siebziger Jahren abgeschlossen vor-

liegt, definiert neben Economy und Politiy die <u>societal com-</u>
<u>munity</u> (gesellschaftliches Gemeinwesen) und das <u>fiduciary</u>
<u>system</u> (kulturelles Treuhandsystem). Diese vier System-
bereiche insgesamt bilden das "societal system" - also
die Gesellschaft als Sozialsystem betrachtet.

Es ist außerordentlich schwierig, für die folgenden Jahre
in der Arbeit Parsons' einen Schwerpunkt zu bestimmen. Eher
müßte man umgekehrt formulieren, daß es kaum ein Feld soziologischer Theoriebildung gibt, auf dem Parsons nicht ge-
arbeitet hätte: Es erschienen Arbeiten zur Theorie der Politik und der Macht, es erschienen weitere Arbeiten zur soziologischen Theoriebildung, mit einem Schwerpunkt auf der
Analyse in der Organisationssoziologie; es erschienen Arbeiten zur Religionssoziologie; aber ebenso blieb das Verhältnis von Persönlichkeit zum Sozialsystem ein kontinuierliches
Problemfeld für Parsons, in dem zunehmend auch Probleme des
Erziehungswesens thematisiert wurden. Und schließlich be-
schäftigte Parsons sich auch in zunehmendem Maße mit dem Verhältnis von Sozialsystemen und Kultur.

Es gibt neben den Einzelarbeiten, in denen jeweils bestimmte
Themen aufgenommen und durchgearbeitet werden, gewisse
"Plattformen", auf denen Parsons jeweils in besonders sorg-
fältiger Form die Einsichten einer bestimmten Stufe resü-
mierte und mit besonderem Gewicht darstellte. Dazu gehören
in erster Linie die in Abständen zusammengefaßten Aufsätze,
die Parsons jeweils als Essay-Sammlung veröffentlichte (die
bereits früher im Text aufgezählt wurden). Dazu gehören aber
andererseits auch bestimmte Publikationen, deren theoreti-
scher Status ihnen eine weitreichende Aufmerksamkeit sicher-
te: so vor allem der Beitrag "General Theory of Sociology"
in einem (von Merton 1958) herausgegebenen Sammelband
(deutsch in JENSEN 1976); der schon zitierte "große" Aufsatz "An Approach to Psychological Theory in Terms of the
Theory of Action" (1959); Parsons' Einleitung und Kommen-

tare in den beiden Sammelbänden Theories of Society (vor
allem "Outline of the Social System" - deutsch in Jensen
1976 - sowie "Introduction to Culture", 1961); dann die
berühmten "Medien-Aufsätze" ("On the Concept of Influence"
und "The Concept of Political Power", 1963, sowie der 1968
nachfolgende Aufsatz über "The Concept of Value-Commitments" - deutsch in JENSEN 1980); die Publikation Societies - Evolutionary and Comparative Perspectives, 1966;
der Aufsatz "Some Problems of General Theory in Sociology"
(in einem Reader von McKinney und Kiryakin 1970, wiederabgedruckt in SS/AT); der Anschlußband an Societies mit
dem Titel The System of Modern Societies (1971); ein bedeutsamer Aufsatz über Wandel unter dem Titel "Comparative
Studies and Evolutionary Change" (die überarbeitete Fassung
eines älteren Aufsatzes, der in der neuen Form in einem Buch
von Ivan Vallier 1971 erschien - wiederabgedruckt in SS/AT).
Im Jahre 1973 wurde dann, nach einer Serie vorbereitender
Arbeiten zu diesem Thema, aufgrund längerer Zusammenarbeit
mit Gerald M. Platt, das letzte große Buch Parsons' ver-
öffentlicht: The American University. Schließlich ist als
letzter bedeutsamer Essay mit einem sehr ausgeprägten philosophischen "touch" der Schlußaufsatz der 1978 veröffentlichten Sammlung zu nennen, "A Paradigm of the Human Condition". In dieser Aufzählung - so lang sie in dieser Form
schon ist - sind nur die wichtigsten Arbeiten Parsons' genannt, die jeder Leser unbedingt kennen sollte; und sicherlich gibt es darüber hinaus noch eine Reihe von Interessen-
gebieten und Publikationen, die andere Parsons-Anhänger
ebenfalls unbedingt für erwähnenswert gehalten hätten.
Fügen wir also, für alle, die sich intensiver mit Parsons
beschäftigen wollen, unbedingt noch den Hinweis auf Parsons'
autobiographische Notizen hinzu: "On Building Social Systems
Theory - A Personal History", Wiederabdruck in SS/AT (deutsche Fassung Soziologie - autobiographisch, Stuttgart (Enke/
DTV) 1975).

Es ist eine überaus schwierige Aufgabe, aus diesen genannten
Arbeiten die wichtigsten Elemente zusammenzufassen. Betrachtet man das Ziel, das sich Parsons in der TGTA programma-
tisch gesetzt hatte - den Entwurf einer allgemeinen Handlungstheorie, einer "action theory of living systems" -,
dann muß man sagen, daß dieses Gesamtprogramm letztendlich
nicht verwirklicht werden konnte; dazu war das Vorhaben zu
gigantisch. Hinzu kommt, daß das Vorhaben selbst im Laufe
seiner Ausarbeitung noch an Dimension gewann; der letzte
Essay über die "human condition" zeigt deutlich, daß Parsons
letztlich auf eine Theorie der gesamten Lebenswelt und eine
"tiefere" Deutung des menschlichen Lebens überhaupt abzielte
(vgl. dazu auch seine Beiträge über Religion sowie das Phänomen des Todes im selben Band).

Auf der anderen Seite kann jedoch aber auch keineswegs von
einem Scheitern des Vorhabens gesprochen werden. Tatsächlich
wurde viel mehr erreicht, als überhaupt je zu erwarten gewesen wäre. Zwar wurde die Theorie der Persönlichkeit (als
Teil der action theory) nur in ersten Ansätzen entwickelt,
und ebenso ist die Entwicklung einer Theorie der Kultur über
ihre ersten Stufen hinaus nicht weit genug vorangetrieben
worden. Schließlich ist die Theorie des "Verhaltenssystems"
so gut wie gar nicht in Angriff genommen worden - trotz des
prononcierten Interesses und der fundierten Kenntnisse
Parsons' an und in biologischer Theorie. Dafür hat jedoch
die Theorie der Sozialsysteme, die paradigmatisch für die
Handlungstheorie überhaupt steht, eine derartige Tiefe und
Breite der Gestaltung erfahren wie nie zuvor eine soziologische Theorie.

2. Zur Theorie der Medien

Parsons hat seinen Eintritt in die Gelehrten-Republik 1937
mit einer modischen, aber nicht ernstgemeinten Absage an

die Evolutionstheorie verbunden. "Modisch" war diese Absage
deswegen, weil sie dem Trend der Betrachtung an der London-
School-of-Economics am Ende der zwanziger Jahre folgte, in
dem der frühe Evolutionsgedanke zugunsten vergleichender Be-
trachtungsformen verworfen wurde; nicht ernst gemeint war
diese Absage in ihrer ironischen Form. Und bald erwies sich
auch, daß mit Spencers Tod der Geist einer evolutionstheo-
retischen Betrachtung keineswegs verflogen war, sondern
Parsons ihn im Gegenteil kräftig wieder beschwor.

Parsons' Theorie der Evolution von Gesellschaften war im
Anfang eine Theorie der Differenzierung. 1966 erschien der
erste (Halb-)Band seiner Evolutionstheorie (<u>Societies -
Evolutionary and Comparative Perspectives</u>), in dem es ausdrücklich heißt: "Am Anfang steht der Prozeß der Differenzierung" (in JENSEN 1976: 144), und eben dieser Prozeß der
Differenzierung wird in der Folge ausführlich - sowohl formal wie inhaltlich - analysiert.

Nun kann aber Differenzierung <u>allein</u> nicht die Basis einer
evolutionären Entfaltung sein; die <u>Zerlegung</u> auf der einen
Seite muß durch einen Prozeß der Integration auf der anderen wieder ausgeglichen werden. Die ursprüngliche, im Prozeß der Differenzierung verlorene Einheit des Systems muß
wieder hergestellt werden. Dazu bedarf es besonderer inte-
grativer Mechanismen. Diesem Problem mediatisierender Strukturen der Integration wandte sich Parsons in der letzten
großen Phase seiner Arbeit zu.

1. Worum eigentlich handelt es sich bei den "Medien"? Auf
einer ganz einfachen Ebene der Erklärung formuliert, bezieht
sich dieses Konzept auf so vertraute Phänomene wie Geld,
Macht, Einfluß oder moralische Verpflichtungen. In der theoretischen Bearbeitung durch Parsons werden diese Begriffe
zu "Medienkonzepten", also zu besonderen systemischen Wir-
kungsgrößen.

Den biographischen Ausgangspunkt für die Entwicklung dieses Konzeptes bildet Parsons' Gastprofessur in Cambridge (1953/54), die erneute und ausführliche Beschäftigung mit Keynes und die fortgesetzte Zusammenarbeit mit Neil J. Smelser, die schließlich (1956) zur Veröffentlichung des Buches Economy and Society führte. In diesem Buch, in dem erstmals ausführlich die Theorie differenzierter Subsysteme entwickelt wurde - und zwar für das ökonomische System als ausdifferenziertem Teil des umfassenderen Sozialsystems -, bildet das Konzept von Austauschprozessen das zentrale Modell: das "interchange paradigm".

Parsons schreibt dazu:

> *"This line of thought both introduces a new complication and opened up a new set of opportunities. The primary reference model of interchange for us became the Keynesian focus on the interchange between housholds and firms: the former are placed in the pattern-maintenance system, which made good sociological sense, the latter in the economy. Two, not four, categories, however, were involved: what economists have called 'real' inputs and outputs and the monetary categories of wages and consumers' spending. This naturally raised questions on the status of money as a medium of exchange and on its other functions - for example, as measure and store of economic value. Monetary theory has, of course, become increasingly central in the discipline of economics, but economists and others have tended to treat money as a unique phenomenon. If the idea of a generalized interchange paradigm for the social system as a whole made sense, however, it would seem to follow that money should be one member of a family of comparable generalized media; indeed there should be four of them for the social system." (On Building..., in SS/AT: 45 f.)*

Den Ausgangspunkt für das Konzept der Medien bildet also die Analyse der Funktion des Geldes - genauer noch: die Analyse des ökonomischen Kreislaufmodells, in dem einerseits "reale Größen" (Güter und Dienstleistungen) und andererseits "monetäre Größen" (Geld) zirkulieren. Parsons wurde von dem alten Problem der Wirtschaftstheorie gefesselt: Was eigentlich bewirkt das Geld - wie funktioniert

es? Ist es nur, wie eine alte Auffassung darstellt, ein
Schleier, der vor die ökonomischen Vorhänge gezogen ist
und diese verdunkelt - oder ist Geld - trotz seines rein
"symbolischen" Charakters - eine eigenständige Wirkungs-
größe?

Die Antwort der modernen Geldtheorie, die von Keynes formuliert wurde, ist völlig klar. Parsons' Leistung liegt nicht
darin, daß er die Keynessche Lösung richtig für die soziologische Theorie adaptiert hat, sondern darin, daß er in einer
"kopernikanischen Wende" das vermeintlich _einzigartige_ Phänomen Geld als ein Mitglied einer ganzen _Familie_ funktional
äquivalenter _Interaktionsvermittler_ darstellt. Das ökonomische Kreislaufschema wird damit zum Paradigma der Medientheorie.

An dieser Stelle bietet es sich an, die Darstellung mit der
Präsentation des ökonomischen Kreislaufschemas fortzuführen
und auf dieser Basis die Medien zu entwickeln (vgl. so beispielsweise JENSEN/NAUMANN 1980). Dieser Weg soll hier jedoch nicht beschritten werden. Vielmehr soll versucht werden,
bestimmte Grundannahmen der Medientheorie herauszustellen,
ohne von dem Modell des Geldes weiter Gebrauch zu machen.
Will man sich vom Beispiel des Geldes lösen, so muß man ganz
allgemein nach der Funktion von Medien - das heißt von Inter-
aktionsvermittlern - fragen. Das allgemeinste Medium dieser
Art ist die Sprache. Alles menschliche Sein ist zunächst an
einen konkreten, eng umgrenzten Raum-Zeit-Punkt gebunden.
Nur durch die Verwendung von generalisierten Symbolen, die
die konkreten Bedingungen des Raum-Zeit-Momentes transzen-
dieren, können Zusammenhänge mit entfernt liegenden Ereignissen hergestellt werden. Den Prototyp solcher generalisierten symbolischen Muster bildet Sprache. Parsons selbst
schreibt:

> _"Für mich war Geld... das Modell, von dem ich bei meinen
> Überlegungen zur Medientheorie ausging; demgegenüber trat_

in neueren Überlegungen zur Medientheorie in letzter Zeit
mehr und mehr der Vergleich zur Sprache *in den Vorder-*
grund..." (in JENSEN 1980: 229)

Sprachen sind allerdings, wie später noch detaillierter zu
zeigen ist, "schwache" Medien. Diese Schwäche liegt darin,
daß Sprachen nicht gegen die beliebige Variation ihrer Komponenten abgesichert sind - und in der Regel auch gar nicht
abgesichert sein sollen. Sprache wird ja nicht nur benutzt,
um faktische Informationen zu übermitteln, sondern sie dient
einer ungeheuren Vielfalt von Ausdrucksmöglichkeiten, zu der
nicht zuletzt auch Dichtungen, Erfindungen, das Spiel mit
fiktiven Möglichkeiten, mit Irrealität gehört. Medientech-
nisch gesprochen bedeutet dies jedoch, daß man sich auf
Sprache nicht unbedingt verlassen kann - sie kann täuschen.
Der entscheidende Unterschied zwischen Sprache und den
"eigentlichen" Medien beruht vor allem auf der Verschär-
fung der Sanktionen, die mit dem Gebrauch von linguistischen Symbolen verbunden wird.

Abgesehen von dieser Sanktionierung, auf die noch genauer
einzugehen ist, weisen die Medien linguistische Strukturen
auf. Eines der wichtigsten Merkmale solcher Strukturen ist
die Entwicklung von "code" und "message". Sie beruht einerseits auf einer "Tiefenstruktur", die ein normatives (oft
nur implizit bekanntes) Regelwerk - ein Netz von Normen -
darstellt, sowie andererseits einer "Oberflächenschicht",
die aus den konkreten Verknüpfungen einzelner Komponenten
in den Interaktionszusammenhängen besteht. Die Verständ-
lichkeit einer "message" (ihr Sinn) beruht darauf, daß
alle Beteiligten gemeinsam mit der normativen Hintergrundstruktur (der Tiefenstruktur) vertraut sind. Anders formuliert: Die Hintergrundstruktur (das normative Regelwerk oder
Netz) bildet einen "Sinnhorizont", der die Ereignisse der
Welt potentiell ordnet und strukturiert. Man darf dabei
nicht an ein konkret vorhandenes, sichtbares Muster denken, das man mit Aufmerksamkeit anschauen und wahrnehmen

könnte. Es handelt sich vielmehr um ein "Feldpotential",
das generativ Strukturbildungen erzeugt. Es ist niemals
endgültig festgelegt, sondern in sich ein dynamischer Komplex, der durch Interaktion aktiviert und ergänzt, fort-
geführt und verändert wird. In der Theorie Parsons' bildet
es einen wichtigen Bestandteil der Kultur.

Die Grundlage der Medientheorie muß also zunächst in der
Tatsache erblickt werden, daß der Mensch in einem chaoti-
schen und entropischen Universum auf einer kleinen Insel
temporärer, instabiler, selbstgeschaffener Ordnung lebt.
Diese Ordnung ist nicht festgelegt, sondern ein sich histo-
risch entfaltender, also nur rückblickend als so gewordene
Ordnung erkennbarer, kontingenter Zusammenhang soziologischer Natur. Eine solche Ordnung stellt kein starres Schema
dar, sondern ist am besten als "Potential" zu verstehen,
von dem immer nur ein Teil in Gestalt konkreter Musterbildungen verwirklicht ist, während der größere Teil als
"generatives Potential" zwar geschichtliche Möglichkeit
bleibt, aber gesellschaftlich nicht verwirklicht wird.
(Eine soziologische Konzeption dieser Modalformen gibt
es in ersten Ansätzen bislang nur bei Luhmann (der sich
seinerseits auf die Kontingenz-Philosophie bezieht; vgl.
LUHMANN 1975: 104 und 171 ff.).)

2. Luhmanns Explikation der Medien weicht ausdrücklich von
Parsons' Ansatz ab; möglicherweise ist es dennoch sinnvoll,
einige Überlegungen Luhmanns in die Darstellung der Medien
miteinzubeziehen:

> *"Mit Hilfe eines systemtheoretischen Ansatzes läßt sich
> zunächst... Erleben und Handeln unterscheiden. Unter Er-
> leben verstehen wir den der Selbsterfahrung zugänglichen
> Bewußtseinsprozeß, sofern dessen Selektivität nicht dem
> selektierenden System, sondern seiner Umwelt zugerechnet
> wird. Zurechnung von Selektivität (und damit Konstitution
> von Erleben und Handeln) ist nur möglich aufgrund einer
> bewußt gehaltenen, stabilisierten Differenz. Diese erfor-
> dert simultane Präsenz (mindestens) zweier Ebenen - zum
> Beispiel des Möglichen und des Wirklichen, des Gegenwär-*

tigen und des Nichtgegenwärtigen, des Bekannten und des Unbekannten usw. Diese Simultanietät zweier Ebenen wollen wir als <u>Modalisierung</u> *des Selektionsprozesses bezeichnen, meinen damit also das Präsenthalten jener zweiten Ebene, die dem Selektionsprozeß seinen Charakter als Selektion verleiht." (LUHMANN 1975a: 104)*

Der Unterschied zu Parsons wird von Luhmann in folgender Weise herausgestellt: Parsons geht aus von dem Konzept der Differenzierung und sieht das Problem in den resultierenden kontingenten Beziehungen zwischen Teilsystemen:

"Diese Fassung des Kontingenzbegriffs können wir erweitern durch Rückgriff auf den allgemein modaltheoretischen Begriff der Kontingenz, der das 'Auch-anders-möglich-Sein' des Seienden bezeichnet und durch Negation von Unmöglichkeit und Notwendigkeit definiert werden kann. Kontingenz in diesem Sinne entsteht dadurch, daß Systeme auch andere Zustände annehmen können, und sie wird zur doppelten Kontingenz, sobald Systeme die Selektion eigener Zustände darauf abstellen, daß andere Systeme kontingent sind. Die Begrenzung (Parsons') auf Tauschbeziehungen (interchanges) beziehungsweise wechselseitige Bedürfnisbefriedigung (gratification) kann aufgegeben werden, indem man das Bezugsproblem erweitert auf Kommunikation schlechthin. Man wird dann nicht mehr von Tauschmedien, sondern von Kommunikationsmedien sprechen. Kommunikation setzt Kontingenz voraus und besteht in der Information über kontingente Selektion von Systemzuständen (MacKay 1969). Damit wird das Problem abstrahiert, auf das Kommunikationsmedien sich beziehen: Es geht nicht notwendig um Erreichen voller Reziprozität, sondern um Sicherstellung der erfolgreichen Abnahme von Kommunikation." (LUHMANN 1975a: 171 f.)

Zu Recht bemerkt Luhmann in der weiteren Abgrenzung seiner Konzeption gegenüber Parsons, daß der Schwerpunkt bei Parsons in der Vermittlung zweier Ebenen liege:

"...eines allgemeinen, gesellschaftlichen Vorverständigtseins und konkreter, auf Befriedigung von Bedürfnissen abzielender individueller Transaktionen (entsprechend der linguistischen Unterscheidung von code und message)".

Luhmann geht demgegenüber von dem Problem der Kommunikation, also von primären Interaktionszusammenhängen aus und

"daher auch (von) Differenz der Perspektiven und daher auch Unmöglichkeit vollkommener Kongruenz des Erlebens.

Diese Grundlage aller Kommunikation wird in der sachlichen Kommunikation strukturell akzeptiert und durch Bereitstellung von Negationsmöglichkeiten berücksichtigt. Durch ihr Negationspotential übernimmt die Sprache die Funktion einer Duplikationsregel, indem sie für alle vorhandenen Informationen zwei Fassungen zur Verfügung stellt: eine positive und eine negative. Strukturen mit dieser Funktion einer Duplikationsregel wollen wir (in Anlehnung an biogenetische, nicht linguistische Konzepte) C o d e s nennen. Über Codes erreichen Systeme eine Umverteilung von Häufigkeiten und Wahrscheinlichkeiten im Vergleich zu dem, was an Materialien oder Informationen aus der Umwelt anfällt. Ob kommunikativ bejaht oder verneint wird, hängt dann nicht mehr direkt von Vorkommnissen in der Umwelt, sondern von intern steuerbaren Prozessen der Selektion ab." (LUHMANN 1975a: 172 f.)

Man kann an dieser Stelle kurz zusammenfassen, daß für Luhmann

"die allgemeine Funktion generalisierter Kommunikationsmedien (darin liegt), reduzierte Komplexität übertragbar zu machen und für Anschlußselektivität auch in hochkontingenten Situationen zu sorgen... Die am System Beteiligten würden sich auseinanderselegieren, wäre nicht gewährleistet, daß der eine die Selektion des anderen als Prämissen eigenen Verhaltens übernimmt... Jede Theorie der Kommunikationsmedien hat demnach davon auszugehen, daß nicht-identische Selektionsperspektiven vorliegen und selektiv zu verknüpfen sind." (LUHMANN 1975a: 174)

Kommunikation bietet zunächst immer nur eine Offerte; sie kommt erst zustande,

"wenn man die Selektivität einer Mitteilung versteht, und das heißt: zur Selektion des eigenen Systemzustandes verwenden kann". (LUHMANN 1975b: 5)

Fragt man sich, wie nun Kommunikation und Sozialsysteme zusammenhängen, so gibt Luhmann die Antwort, er gehe

"von der Grundannahme aus, daß soziale Systeme sich überhaupt erst durch Kommunikation bilden, also immer schon voraussetzen, daß mehrfache Selektionsprozesse einander antizipativ oder reaktiv bestimmen. Erst aus den Notwendigkeiten selektiver Akkordierung entstehen soziale Systeme..." (LUHMANN 1975b: 5)

Unter "Kommunikationsmedien" läßt sich mit Luhmann verstehen

> "eine Zusatzeinrichtung zur Sprache, nämlich ein Code generalisierter Symbole, der die Übertragung von Selektionsleistungen steuert...". (LUHMANN 1975b: 7)

> "Die Funktion eines Kommunikationsmediums liegt in der Übertragung reduzierter Komplexität. Die Selektion Alters schränkt dadurch, daß sie unter bestimmten, näher anzugebenden Bedingungen kommuniziert wird, die Selektionsmöglichkeiten Egos ein..." (LUHMANN 1975b: 11)

> "Für alle Kommunikationsmedien ist typisch, daß ihre Ausdifferenzierung eine besondere Interaktionskonstellation und in deren Rahmen eine spezifische Problemstellung zugrunde liegt... Zur Ausbildung eines Kommunikationsmediums ist ein focus, ein Durchgang durch gesteigerte Kontingenz erforderlich." (LUHMANN 1975b: 13 f.)

Und schließlich ist noch die Differenz zwischen Code und Kommunikationsprozeß zu erwähnen:

> "...die symbolische Generalisierung eines Code, nach dem Erwartungen begründet werden können, ist Voraussetzung für die Ausdifferenzierung von spezialisierten Medien, die auf bestimmte Problemkonstellationen bezogen werden können, bestimmte Leistungen erbringen und bestimmten Bedingungen unterliegen. Im generalisierten Medien-Code liegen ferner die Ansatzpunkte für Steigerungsleistungen im Laufe der gesellschaftlichen Evolution." (LUHMANN 1975b: 16)

> "Alle Steigerungsmöglichkeiten knüpfen an das an, was der Differenzierung von Code und Prozeß zugrunde liegt; an die Generalisierung von Symbolen. Unter Generalisierung ist zu verstehen eine Verallgemeinerung von Sinnorientierungen, die es ermöglicht, identischen Sinn gegenüber verschiedenen Partnern in verschiedenen Situationen festzuhalten, um daraus gleiche oder ähnliche Konsequenzen zu ziehen." (LUHMANN 1975b: 31)

> "Unter Symbolisierung (Symbolen, symbolischen Codes) ist zu verstehen, daß eine sehr komplex gebaute Interaktionslage vereinfacht ausgedrückt und dadurch als Einheit erlebbar wird... Auf der Grundlage symbolischer Generalisierung und Potentialisierung (Erläuterung: 'Potentialisierung' bezieht sich auf die Tatsache, daß Sozialsysteme mit Dispositionsbegriffen arbeiten, diese drücken Potentiale aus) läßt sich für verschiedene Medien ein je verschiedener Code entwickeln... Unter Code wollen wir eine Struktur verstehen, die in der Lage ist, für jedes belie-

bige Item in ihrem Relevanzbereich ein komplementäres an-
deres zu suchen und einzuordnen... Für die soziokulturelle
Evolution wird der wichtigste Code mit Hilfe der Sprache
gebildet, und zwar dadurch, daß die Sprache mit Negations-
fähigkeit verbunden wird... Genau wegen dieser Negierbar-
keit sprachlicher Kommunikation werden jene Zusatzeinrich-
tungen zur Sprache erforderlich, die wir unter dem Titel
Kommunikationsmedien zusammenfassen." (LUHMANN 1975b: 32)

"Erfolgreiche Kommunikationsmedien können die Form und
die Selektionsleistung eines Codes nur erreichen, wenn
sie einen binären Schematismus einsetzen, der die mögli-
chen Operationen zweiwertig vorstrukturiert. Zweiwertig-
keit ist Konstitutionsbedingung für symbolisch generali-
sierte Codes, weil nur in dieser Form Universalismus und
Spezifikation kombiniert werden können, nämlich jedem
relevanten Item ein bestimmtes anderes eindeutig zugeord-
net werden kann." (LUHMANN 1975b: 42)

Dies ist zweifellos ein sehr interessanter und aufschlußrei-
cher Einstieg in die Theorie der Medien. Parsons' Weg folgt
einer anderen Linie - nicht Sprache bildet für ihn den Ausgangspunkt der Überlegungen, sondern ein bestimmtes Problem
der Systemtheorie: Die Differenzierung der Systeme muß durch
einen gegenläufigen Prozeß der Integration wieder aufgefan-
gen werden. Luhmann hat daher zu Recht darauf hingewiesen,
daß Parsons' Konzept der Medien in seiner Entfaltung dem
vorgezeichneten Weg des AGIL-Schemas folge (Luhmann in
LOUBSER et al., S. 507: "...the differentiation of media
follows the differentiation of systems..."). Wir werden uns
nun bemühen, auf dem von Luhman vorbereiteten Grund die Besonderheit der Parsonsschen Medientheorie zu rekonstruieren.

3. Der Mensch ist - aus anthropologischen Gründen - ein
"auf Handeln angelegtes Wesen" (Gehlen). Zugleich bedingt
die Soziabilität des Menschen (eine Eigenschaft, die er
mit allen hochentwickelten Lebensformen teilt), daß er nicht
allein, sondern in Gemeinschaft handelt. Gemeinschaftliches
Handeln (soziales Handeln, Interaktion) führt zu einer Akti-
vierung des "Feldpotentials". Damit wird aus der unabseh-
baren Fülle der geschichtlich verfügbaren Möglichkeiten,
auf die jedes einzelne Mitglied der Gemeinschaft potentiell

zurückgreifen könnte, eine bestimmte Selektion vorgenommen
und den anderen Mitgliedern der Gemeinschaft als Angebot prä-
sentiert. Damit erhebt sich die Frage: Warum soll ein anderer, dem ich meine Selektion präsentiere, auf dieses Angebot
eingehen? Warum, wie und unter welchen Bedingungen werden
Selektionen angenommen und übertragen?

Dies ist im Kern das Problem, auf das sich die Theorie der
Medien bezieht - das Problem des Selektionstransfers. Um ein
einfaches Beispiel zu wählen: Man könnte nachmittags beim
Tee über unzählige Dinge plaudern - warum kann man über das
Wetter, aber nicht über sexuelle Phantasien sprechen; warum
über Krankheiten, aber nicht über das Einkommen; warum über
die Probleme der eigenen Kinder, aber nicht die der eigenen
Ehe? Die Gründe dafür sind, wie man weiß, keineswegs zufäl-
liger oder privater Natur - sie sind gesellschaftlicher Art,
sie liegen nicht im Belieben der kleinen Teegesellschaft
(auch wenn diese - mit einiger Anstrengung - das normative
Netz der Konversationszwänge zerreißen könnte). Die Frage,
"welche Selektionen werden akzeptiert, welche zurückgewie-
sen", ist gesellschaftlich geregelt. Die Bestimmungsgründe
dieser Transfers analysiert die Medientheorie.

Die Formalisierung des Selektionstransfers führt zu einer
Stabilisierung von Interaktionen. Dieselbe Interaktions-
kette, derselbe Handlungszusammenhang, kann immer wieder
gebildet und damit institutionell verfestigt werden, wenn
und soweit garantiert ist, daß alle Beteiligten eine bestimmte Selektion akzeptieren. Damit entfällt die Notwendigkeit, eine bestimmte Situation immer wieder von Grund auf
überdenken zu müssen. Formalisierung und Institutionalisierung entlasten. Das Handeln verläuft in vorgezeichneten
Bahnen. Wenn einmal eingespielt ist, wer morgens welche Art
von Frühstück bereitet, wo man frühstückt, wer auf welchem
Platz sitzt, wie die Zeitung aufgeteilt wird und wer vor wem

ins Bad darf, dann ist hier eine Selektion verbindlich für
lange Zeit etabliert.

Das Beispiel ist banal, das Prinzip jedoch nicht. Im Gegenteil: das Prinzip der Stabilisierung von Interaktion durch
formalisierte Interaktionstransfers ist von einer ungeheuren
evolutionären Bedeutung. Nur Gesellschaften, die in der Lage
waren, zumindest in Teilbereichen von diesem Prinzip Gebrauch
zu machen, haben den Aufschwung zu geschichtlicher Bedeutung
vollzogen - sei es als Hochkulturen, sei es als reine Macht-
gebilde, sei es als ökonomisch-technologische Zivilisationen,
wie beispielsweise die heutigen Industriestaaten.

Die Formalisierung von Selektionstransfers beginnt immer
dort eine Rolle zu spielen, wo es um die Koordinierung der
Interaktion einer großen Zahl von Beteiligten geht, also um
Probleme der Organisation. Wie ist sicherzustellen, daß eine
einmal gefundene Lösung für ein komplexes Problem, an dem
eine Vielzahl von Aktoren auf ganz unterschiedlichen Ebenen
beteiligt ist, durchgehalten und in der Interaktion immer
wieder ohne Zeitverlust und Irrtümer aktualisiert wird? Dies
funktioniert nur dann, wenn das normative Regelwerk zu einer
quasi selbstverständlichen Hintergrundstruktur wird, zu einem
alltäglichen Sinnhorizont, auf dem dann mit kurzen, aber
prägnanten Symbolen operiert werden kann.

Das allgemeinste Beispiel ist, wie erwähnt, die Sprache. Im
Alltag ist niemandem von uns bewußt, welche gewaltige ontolo-
gische Selektionsleistung in der Tiefengrammatik unserer
Sprache verborgen ist - in der Regel merken wir das erst
im Vergleich mit völlig andersartigen Sprachen oder bei
(sprach-)philosophischen Untersuchungen. Damit wird ein
Sinnhorizont aufgespannt, der für uns "die Welt" zu sein
scheint (obwohl "unsere Welt" doch nur eine von vielen geschichtlichen Möglichkeiten ist, die vor und neben uns in
anderen Konzeptionen sozialer Gemeinschaften bestehen). Auf

diese "selbstverständliche" Welt - die alltägliche Lebenswelt - beziehen sich alle sprachlichen Äußerungen der Interaktion.

Sprache ist jedoch ein trügerisches Medium. Man kann viel
reden, wenn der Tag lang ist - daraus folgt nichts. Komplexe,
zeitlich und räumlich weitreichende Interaktion, an der zahlreiche Partner mit vielen Fasern ihres Lebens engagiert sind,
ist nicht möglich "nur auf Worte hin". Es muß mehr dazutre-
ten: bindende Versprechen, Sicherheiten, Sanktionen. Dies
ist möglich, wenn man die Bedingungen der Teilnahme an derartigen Interaktionsketten verschärft, formalisiert und sank-
tioniert. Die Einführung und Verwendung von Geld ist ein Beispiel dafür, wie eine solche Reglementierung der Interaktion,
bezogen auf den Tausch von Gütern (die sowohl knapp als auch
begehrt sind), vorgenommen werden kann. Die normative Hintergrundstruktur besteht in diesem Fall aus den allgemeinen
Wirtschaftsbedingungen, den Marktverhältnissen, der Situation
von Angebot und Nachfrage, den Eigentums- und sonstigen wirtschaftlichen Verfügungsrechten, der Besitzgestaltung usw. All
diese Bedingungen sind für die Wirtschaftssubjekte im wesentlichen als gegeben hinzunehmen und individuell nicht änder-
bar. Die konkrete Selektion kann im Rahmen dieser Bedingungen nur darin bestehen, spezifische Güter unter spezifischen
Augenblickskonstellationen anzubieten oder nachzufragen.
Diese Selektion wird nun in bestimmter Weise gesteuert -
nämlich über Geld.

Geld fungiert hier als eine Sondersprache - als Sprache
innerhalb der Sprache. Aus dem breiten Fluß der Sprache
wird gleichsam ein Kanal abgezweigt, und der Transport auf
diesem Kanal wird in besonderer Weise reguliert und überwacht. Ein Arbeitskontrakt, beispielsweise, wird in modernen Gesellschaften nicht mehr auf der Basis eines Verspre-
chens abgeschlossen, daß der Arbeitgeber für die Ernährung
und Kleidung des Arbeitnehmers sorgen werde, sondern

- selbstverständlich - in Geldgrößen. Umgekehrt erhält damit
auch der Arbeitgeber einen in Geld ausdrückbaren Wert - die
Arbeitsleistung, ausgedrückt in ihrer Produktivität.

Geld als Medium darf nicht vordergründig mit seiner währungs-
technischen Ausprägung (der Währungseinheiten) gleichgesetzt
werden. Für das Alltagsverständnis ist Geld eine Münze oder
ein Schein. Für die Medientheorie sind dies jedoch lediglich
Repräsentationsformen des Geldes, die aus technischen Gründen
in einer Gesellschaft verwendet werden. Ebensogut könnten
Glasperlen, Chips oder Lochkarten an ihre Stelle treten. Die
funktionale Bedeutung des Geldes liegt darin, symbolisch eine
bestimmte Größe auszudrücken, die die Ökonomen als "Nutzen"
bezeichnen. Der Nutzen ist der ökonomisch definierte Wert,
der einem Gut (oder einer Dienstleistung) auf Tauschmärkten
zugeschrieben wird. Dieser Nutzen wird in Geld ausgedrückt.
Die Verfügbarkeit von Geld bedeutet daher gesellschaftlich
das Maß, in dem ein einzelner oder ein Kollektiv auf Tauschmärkten eine wirksame Nachfrage nach Gütern ausüben kann.
Geld symbolisiert die "ökonomische Dispositionskapazität"
- die Fähigkeit, sich an ökonomischen Austauschprozessen zu
engagieren.

Dieselben Überlegungen lassen sich auf die anderen gesellschaftlichen Medien übertragen - auf Macht, Einfluß und
Commitments. Die psychologische Schwierigkeit, die man dabei überwinden muß, liegt in der Fixierung auf Geld als konkreter (materieller) Einheit, als einem physischen Gegenstand. Bei allen Menschen besteht vermutlich die Neigung,
Geld "letztlich" mit einer Menge von Scheinen und Münzen
und im tiefsten Grunde mit einem Schatz von Goldbarren
gleichzusetzen. Aber dies ist ein fundamentalistischer
Fehler, der in die entgegengesetzte Richtung der Medientheorie führt. In Parsons' Konzeption sind Medien immer
nur Symbole ohne jeglichen intrinsischen Wert, so wie ein
Geldschein "an sich" nichts ist, ein kleiner Fetzen bunten

Papiers... Sobald man diesen fundamentalistischen Fehler zu vermeiden gelernt hat, sollte es leichter fallen, auch Macht, Einfluß und Commitments als Medien zu erkennen. Auch diese Medien haben eine Vielzahl von symbolischen Repräsentationen; sie funktionieren jedoch anders als Währungsgrößen.

Im Falle der Macht haben wir es mit einem Medium zu tun, das sich auf die Fähigkeit bezieht, Entscheidungen kollektiv verbindlich durchzusetzen. Das normative Regelwerk der Hintergrundstruktur wird hier durch den Organisationszusammenhang von Kollektiven gebildet - durch die formale Verknüpfung von Status-Positionen zu einer Organisationshierarchie. Das deutlichste Beispiel dafür bilden militärische Organisationen; jedoch ist Organisation ein ganz ubiquitäres Prinzip aller überhaupt denkbaren Gemeinschaften. Während wir im Fall der ökonomischen Zusammenhänge auf das Konzept des "Nutzens" als entscheidendem Wertaspekt hingewiesen haben, tritt im politischen Zusammenhang eine andere Maxime hervor: die maximale Effektivität (von Organisation). Organisation ist kein Selbstzweck, so wenig wie der Tausch an sich Selbstzweck wäre. Organisation entsteht und bezieht sich auf das Problem der Abstimmung und Durchsetzung von Interessen. Ebenso wie wir im Fall der Ökonomie eine Vielzahl von gesellschaftlichen Bedingungen als individuell hinzunehmende, unabänderliche Rahmenbedingungen der Interaktionen angedeutet haben, so auch im politischen Bereich: Staatsverfassung, Grundgesetze, Selbst- und Mitbestimmungsrechte, Partizipationsregeln, Wahlrecht, Parteienbildung usw. sind Bestandteile der politischen Ordnung insgesamt, die für den einzelnen als gegeben hinzunehmen (beziehungsweise nur langfristig oder durch revolutionäre Akte umgestaltbar) ist. Im Rahmen dieser Ordnung kann die konkrete politische Selektion jeweils nur darin bestehen, sich in spezifischen Kollektiven für spezifische Interessen zu engagieren. Durch diese Partizipation entstehen innerhalb und zwischen den Kollektiven "Machtquoten", die ausdrücken, in welchem Umfange Entscheidungen

verbindlich getroffen werden können. Ebenso wie Geld eine
Kapazität symbolisiert - nämlich die, sich in Tauschprozes-
sen in einem bestimmten Umfang engagieren zu können -, so
symbolisiert auch Macht eine Kapazität: die Fähigkeit, Entscheidungen einer bestimmten Reichweite kollektiv verbindlich anordnen (und dann gegebenenfalls auch mit Zwangsmitteln
durchsetzen) zu können.

Ausgangspunkt ist also zunächst die Interessenlage der einzelnen Aktoren. Diese Interessen können höchst unterschiedlich sein, treffen sich jedoch zumindest in dem Wunsch oder
der Notwendigkeit einer Koordination des Handelns, so daß
den einzelnen Interessen eine Chance geboten wird, ihre Zielsetzung in organisiertem Handeln durchzusetzen. Der "Preis"
dafür, den der einzelne zahlen muß, ist die Bereitschaft,
Unterstützung zuzusichern und effektiv zu gewähren. Durch
die Kumulierung solcher Unterstützungsbereitschaft an einem
zentralen Punkt entsteht Macht: Eine bestimmte Person (Per-
sonengruppe) erhält eine allgemeine Zusage für Unterstützung
und "Loyalität". Im Gegenzug wird erwartet, daß Entscheidungen geliefert und durchgesetzt werden, die die Interessen
aller Beteiligten in hinreichend "fairer" Weise berücksichtigen.

Entscheidend ist, daß sich hier ein größerer Zusammenhang
von Regeln bilden kann, der im einzelnen bestimmt, wie Unterstützung nachgefragt und gewährt wird, wie Entscheidungen zu treffen sind, wieviel Macht erzeugt und verteilt wird,
wie Kontrolle ausgeübt wird usw. Erst ein solches organisier-
tes System schafft "Macht", die dann im System verfügbar ist
und genutzt werden kann. Eine solche Form der Macht ist ein
abstraktes Medium, eine systemische Kapazität, die im System
zirkuliert, in bestimmter Weise verteilt ist und dazu genutzt werden kann, bestimmte Effekte zu erzielen. Es wäre
also eine zu "flache" Vorstellung, beim Begriff der "Macht"
an "individuelle Machtfülle" zu denken. Macht ist eine syste-

mische Kapazität, derer man sich allerdings im System "be-
mächtigen" kann. Sowenig man selbst "Geld" schaffen kann,
sowenig kann man selbst "Macht" erzeugen - man kann nur durch
Kenntnis der Regeln und ihre Beherrschung den Zugriff auf das
Medium unternehmen. Diese Überlegung gilt für alle Medien.

Wie verhält es sich nun mit der "Zirkulation der Macht"? So
wie Geld durch Münzen und Zertifikate schon frühzeitig zir-
kulationsfähig gemacht wurde, so gibt es seit jeher zirku-
lationsfähige _Insignien_ der Macht: Dekore, Embleme, Fahnen,
Orden, Hoheits- und Rangzeichen, Standarten und Wappen. Niemand würde diese Symbole mit der Macht selbst verwechseln
- die Macht selbst liegt in der Dynamik der Organisations-
kräfte des politischen Systems, aber sie wird in den Insi-
gnien der Macht sowie in den darauf bezogenen Interaktions-
formen sichtbar repräsentiert; so beispielsweise im Vorgang
der Krönung, in der Verleihung von Würdenzeichen (und der
Forderung des Respekts gegenüber den Hoheitszeichen), in
der Übergabe von Stadt- oder Torschlüsseln sowie unzähligen
anderen symbolischen Akten - etwa der modernen parlamentari-
schen Systeme.

Diese Andeutungen weisen darauf hin, wie man die Vorstellung
einer "Zirkulation der Macht" - in Analogie zur Zirkulation
des Geldes - verstehen muß: nicht etwa in der Weise, daß die
Machthaber ihre Macht den Machtlosen übertragen, die Macht
mit ihnen teilen würden. Auch im Bereich der Wirtschaft bleiben - trotz oder gerade wegen der Zirkulation des Geldes -
die Reichen reich, die Armen arm. Zirkulation bedeutet in
beiden Fällen, daß die jeweiligen Mittel in Quanten aufgeteilt und im System in strategisch geschickter Weise pla-
ziert - investiert - werden. So wie in der Ökonomie das
Kapital durch Investierungen "arbeiten" muß, so muß auch im
politischen System _Autorität_ (als die dem Kapital vergleichbare Größe) über ihre Investierung in Organisationen "arbei-

ten", das heißt zur Förderung bestimmter Interessen effektiv
eingesetzt werden.

Wenden wir denselben Gedankengang auf das Medium "Einfluß"
an: Ähnlich wie Macht hängt auch Einfluß mit der hierarchi-
schen Organisationsstruktur von Gesellschaft zusammen. Einfluß bezieht sich jedoch nicht auf den Komplex von Autorität
und Herrschaft, auf die Verfolgung von Zielen und die Durchsetzung von Interessen, sondern auf die Frage der gesellschaftlichen Meinungsbildung. Es könnte hier auch der Begriff
der "Ideologie" verwendet werden - in Parsons' Sinne wohlgemerkt, das heißt verstanden

> *"as a system of ideas which is oriented to the evaluative
> integration of the collectivity, by interpretation of the
> empirical nature of the collectivity and of the situation
> in which it is placed, the processes by which it has de-
> veloped to its present state, the goals to which its mem-
> bers are collectively oriented, and their relation to the
> future course of events." (SS: 349)*

Die Fähigkeit, eine solche Ideologie in Parsons' Sinne - also
eine bestimmte Überzeugung, die eine Mischung aus Annahmen
über die Realität <u>sowie zusätzlich</u> aus einer inneren Bereitschaft, sich im Sinne der so gewonnenen Einsicht in seinem
Handeln zu engagieren, darstellt - anderen zu vermitteln und
als verbindliche Auffassung zu verbreiten, ist Einfluß: die
Kapazität der persuasiven Meinungsbildung. "Einfluß haben"
bezeichnet mithin die Kapazität, in sozialen Systemen Solidarität erzeugen zu können, integrativ zu wirken, Gemeinschaft zu stiften. Dies ist die Basis, auf der sich dann - in
differenzierten und pluralistisch geschichteten Gesellschaften - Einflußnetze entwickeln. Der Begriff des Mediums bezeichnet nie individuelle, sondern stets im System erzeugte
und im System verfügbare Kapazitäten. Es handelt sich um
einen systemischen Mechanismus der Stabilisierung von Sinn-
selektion. Im Falle von Einfluß geht es darum, die Gemeinsamkeit moralisch-evaluativer Meinungsbilder herzustellen und zu

erhalten, so daß Menschen die Welt aus derselben Sicht erleben und ihre Probleme nach demselben Schema bewältigen.

Diese Fähigkeit gründet sich zunächst auf persönliche Bande.
In komplex organisierten Systemen wird dieser Mechanismus jedoch generalisiert. Er wirkt dann nicht mehr über persönliche
Beziehungen, sondern über soziale Relationen, die durch das
Netz der Statuspositionen legitimiert werden. Die normative
Hintergrundstruktur, auf der das Medium "Einfluß" operiert,
ist die gesellschaftliche Statushierarchie mit ihrer Vertei-
lung von Prestige, Ansehen, Reputation, Expertentum und ähnlichen Komponenten. Auch hier gilt wieder, daß der einzelne
diese gesellschaftlichen Gegebenheiten als hinzunehmende und
unabänderliche Bedingungen der momentanen Handlungssituation
betrachten muß und daß seine eigenen Kapazitäten in der Regel
äußerst bescheiden sind. Innerhalb dieses Netzwerkes besteht
die konkrete Selektion des einzelnen im wesentlichen darin,
welche Meinungen - welche ideologischen Komponenten - er für
sich selbst als verbindlich übernimmt und welche Meinungen
er seinerseits in "interchange-processes" ins Spiel bringt.

Ein sehr einfaches Beispiel persuasiver Meinungsbildung liefert Parsons mit dem Hinweis auf die Arzt-/Patienten-Rela-
tion: Aufgrund seines fachlichen Wissens empfiehlt der Arzt
dem Patienten eine bestimmte Therapie - es liegt im Interesse des Patienten (und der Gemeinschaft), daß die Empfehlungen des Arztes respektiert werden. Generalisiert man das
Beispiel, so resultiert daraus die Maxime: Jedermann täte
gut daran, den Empfehlungen der Experten zu folgen (Experto-
kratie).

Dies wäre jedoch eine irreführende Wendung des Medienkonzeptes. Einfluß ist nämlich nicht etwa ein Medium, bei dem die
relevante Information gleichsam auf einen Befehl verkürzt
weitergegeben und infolge des Prestigegefälles oder eines
"competence-gaps" übernommen werden müßte (wie es das Arzt-/

Patient-Beispiel anzudeuten scheint). Mithin kann also auch
nicht etwa die "vollständige" oder "wahre" Information die
Grundlage (rock-bottom) des Mediums sein. Einfluß wirkt vielmehr durch die Kommunikation von ideologischen Komponenten,
die dazu dienen, die normativen Selektionen zu rechtfertigen
und die jeweiligen evaluativen Wertmuster zu stärken. Die
Funktion der Ideologie liegt, wie Parsons betont, darin, die
Muster der Wertorientierung (also die normativen Selektionsmuster) eines Kollektivs zu legitimieren. Die Ideologie "ra-
tionalisiert" die Selektionen und "erklärt", warum man besser
in diese als in jene Richtung geht, wobei diese "Erklärung"
auf die kollektiven Interessen einer Gesellschaft (oder eines
ihrer Subkollektive) bezogen ist. Ein Beispiel für die Art
von "Einfluß", die man vor Augen haben müßte, um zu dem ge-
meinten Medienkonzept zu gelangen, bietet die Entscheidung
eines Richters - wobei man eher an einen weisen "arbiter"
- einen Schiedsmann - als einen, mit den Machtbefugnissen
des modernen Rechtssystems ausgestatteten, Justizbeamten
denken sollte. Die Entscheidung des "Weisen" - wie beispielsweise eines Rabbiners -, den die Gemeinschaft anruft, um die
zerstörte Einheit der Interpretation der weltlichen und sa-
kralen Ordnung wieder herzustellen, will zwischen den beteiligten Parteien Konsensus schaffen, will sie integrieren,
und zwar in einer Frage, die ohne evaluatives Commitment gegenüber dem übergeordneten Prinzip der Solidarität nicht
lösbar wäre. Die modernen Gerichtssysteme weisen noch immer
diesen Aspekt auf, kombinieren ihn allerdings zugleich mit
den Zwangsaspekten der staatlichen Ordnung, die garantiert,
daß ihre Anordnungen - auch gegen Widerstand - durchsetzbar
sind. Der entscheidende Punkt von Einflußbeziehungen liegt
jedoch nicht in der Möglichkeit, Entscheidungen durchzusetzen, sondern in der Möglichkeit der Integration - gerade
dort, wo Tatsachen allein ohne eine verbindliche Interpretation keine Gemeinsamkeit erzeugen können.

Ein Medium ist immer auch eine <u>Sanktion</u>. Wir haben schon
mehrfach betont, daß bereits Sprache als solche ein Medium
sei, freilich ein "schwaches" - schwach deswegen, weil es
an Sanktionen fehlt, die die "innere Wahrhaftigkeit" von
Worten (und Sätzen) garantieren könnten. Das wichtigste Un-
terscheidungsmerkmal "echter" Medien gegenüber der Sprache
liegt darin, daß Medien eng mit Sanktionen verknüpft sind
- so eng, daß sie selbst zu Sanktionen werden. Das Angebot
von Geld, mit dem ein anderer (Alter) dazu veranlaßt werden
soll, auf einen Interaktionsvorschlag (Egos) einzugehen,
ist eine <u>positive Sanktion</u> - ein Anreiz für Alter, seine
Situation zu verbessern. Der Einsatz von Macht mit dem gleichen Ziel - Alter soll Egos Vorschlag übernehmen - ist ebenfalls eine Sanktion: Macht ist mit der Drohung verknüpft,
negative Folgen zu erzwingen, wenn der andere nicht will-
fährig ist. Ebenso muß Einfluß als Sanktion interpretiert
werden: Alter akzeptiert den Vorschlag Egos, weil damit gemeinschaftliche Solidarität geschaffen oder erhalten wird.

Im Bereich einfacher Sozialsysteme, insbesondere auf der
Primärebene, ist es eine Selbstverständlichkeit, daß man die
eigene Überzeugung zugunsten der gemeinschaftlich überwie-
genden Meinung opfert und in der strittigen Frage nachgibt.
Es müssen schon besondere Gründe vorliegen, um das "Durchsetzen des eigenen Kopfes" auf Kosten der Gemeinschaften zu
rechtfertigen. Allerdings gibt es in den Primär- und Kleingruppen des Alltags auch kaum formalisierte Einflußbeziehungen, die von den Personen unabhängig und auf Statuspositionen
begründet wären. Die Frage nach dem Sanktionscharakter von
Medien tritt erst auf den höheren Organisationsebenen der
Sozialstruktur auf - beispielsweise auf der schon erörter-
ten Ebene der Arzt-/Patient-Beziehungen oder auf der Ebene
des Rechtssystems. Im Fall der Arzt-/Patient-Beziehung wird
dem Patienten die Befolgung der Therapie nicht allein deswegen zugemutet, weil der Arzt (als "Experte") unfehlbar
richtig diagnostizieren würde - keineswegs -, sondern vor

allem deswegen, weil die Stellung des Arztes mit dem gesellschaftlichen Prestige zur Erteilung verbindlicher Ratschläge
in allen Fragen der Gesundheit ausgestattet ist. Das Problem
der Sanktion liegt mithin nicht in der Frage, ob dem Patienten die Therapie faktisch bekommen werde, sondern in der
Frage, ob dem Patienten - aufgrund der Stellung des Arztes
in der Gemeinschaft - zugemutet werden könne und solle, dem
Therapievorschlag des Arztes zunächst einmal zu folgen. Dasselbe gilt hinsichtlich der Rechtsentscheidungen im juridi-
schen Bereich, von Planungsentscheidungen in technologischen
Bereichen, von Expertenentscheidungen in allen Sachbereichen.
Es sollte klar sein, daß die Zustimmungsvermutung zu diesen
Entscheidungen sich nicht auf die unterstellte Richtigkeit
der Expertisen, sondern den <u>sozialen Status</u> der Experten
stützt - auf ihre integrative Funktion in einer segregierten
Welt.

Wer diese drei Fälle verfolgt hat, wird erkannt haben, daß
und wie sich Geld, Macht und Einfluß den sozietalen Subsystemen "Wirtschaft", "politischer Bereich" und "integra-
tiver Bereich" (sozietale Gemeinschaft) zuordnen. Funktional
sind damit die drei erwähnten Medien zugleich als "adaptiv",
"zielorientiert" und "integrativ" bestimmt. Damit bleibt
- wie man aus der allgemeinen Systematik Parsonsscher Theorie weiß - ein vierter Bereich, zu dem ein viertes Medium
konzipiert werden muß. Der Begriffsbildung nach handelt es
sich bei diesem vierten gesellschaftlichen Systembereich um
das sogenannte "Treuhandsystem", bei dem vierten Medium um
"Commitments". Beide Begriffe bedürfen zunächst einer kurzen
Erklärung.

(a) In Parsons' theoretischen Schriften blieb der vierte gesellschaftliche Subbereich lange Zeit rein funktional bestimmt: als Bereich, der funktional unter dem Aspekt von
"pattern-maintenance" ausdifferenziert ist. Schon der Ausdruck "pattern-maintenance" bereitet Schwierigkeiten genug;

zumindest ist er nicht leicht zu übersetzen. Der Idee nach
handelt es sich bei dieser Funktion um das Problem, ob und
in welchem Umfang dynamische Systeme - insbesondere Handlungssysteme, die ja auf dem Verhalten lebender Systeme aufgebaut sind - die Gesetzmäßigkeiten ihrer Musterbildungen in
der Zeit bewahren und verändern. (Allein die Interpretation
dieser Fragestellung wäre einer langen Abhandlung würdig. An
dieser Stelle muß es genügen zu behaupten, daß dies die prinzipielle Fragestellung des "pattern-maintenance-problems"
sei.) Auf Sozialsysteme bezogen führt dieses Problem zu der
engeren Frage, durch welche besonderen Einrichtungen eine
Gesellschaft es sicherstelle, daß ihre Vorstellungen, Regeln,
Normen und Werte sich nicht über Nach beliebig verändern,
sondern - selbst noch im Wandel - "dieselben" bleiben. Solche Einrichtungen gibt es selbstverständlich in großer Zahl;
schon der Familienverband erfüllt (auch) diese Funktion, erst
recht dann funktional ausdifferenzierte Institutionen wie vor
allem das Bildungswesen. Von diesen Institutionen sagt
Parsons nun, daß sie - in bezug auf den Komplex von Vorstellungen, Regeln, Normen, Werten - also generell: im Hinblick
auf die Kultur - eine "Treuhandfunktion" wahrnähmen: Sie
wachen nämlich treuhänderisch über das kulturelle Erbe. Dies
mag den Ausdruck des "Treuhandsystems" (fiduciary system)
erklären.

(b) Der Umstand, daß es für "commitment" kein deutsches,
sondern allenfalls ein (auch im Deutschen anwendbares) anderes Fremdwort als Äquivalent gibt ("Engagement"), könnte
zu tiefsinnigen Grübeleien über die Frage veranlassen, ob
es womöglich bei uns "commitments" nicht gäbe - die innerlich empfundene Verpflichtung, einem bestimmten Wert, einer
bestimmten Überzeugung, folgen zu müssen, ein Engagement ein-
gegangen zu sein, ein Versprechen abgegeben zu haben. Doch
- das alles gibt es bei uns durchaus. Dabei muß man jedoch
aufpassen, nicht unversehens etwas zum Medium zu machen,
was nicht Medium sein kann. Medien sind - definitionsgemäß -

stets <u>intrinsisch</u> wertlos: Geld ist "nichts" ohne Waren und
außerhalb einer florierenden Wirtschaft; Macht besteht nicht
außerhalb von Herrschaftsorganisationen; Einfluß ist abhängig von einem geschichteten Status-System, und so kann es
auch keine Commitments <u>außerhalb</u> einer Gemeinschaft geben,
die ein komplexes Wertsystem als gemeinsamen normativen Bezugsrahmen ihres Erlebens und Handelns akzeptiert. Freilich
- um zu dieser Einsicht zu gelangen, müssen wir zunächst den
Begriff der "Commitments" so definieren, daß er seine Bezüge
auf "innerlich empfundene" Verpflichtungen verliert. Der
entscheidende Punkt ist, daß Commitments - wie Geld, Macht
und Einfluß - notwendig auf die Gesellschaft, auf die Interaktion mit anderen, bezogen sein müssen; ein Eremit, Robin-
son auf seiner einsamen Insel, ein weltabgewandter Mystiker
mögen durchaus einen "Ruf" vernehmen, dem sie in ihrem Handeln folgen, über Commitments können sie jedoch nicht kom-
mandieren.

Was sind also Commitments? Eine (scherzhafte) "phonetische"
Übersetzung des Wortes könnte zu der Aufforderung "Komm mit,
Mensch" führen - und eben diese Aufforderung ist in "Commitment" enthalten. Ein "Commitment eingehen" bedeutet, ein
Versprechen zu geben, das Versprechen, auf dem weiteren Wege
mitzukommen, der zu einem bestimmten Ziel - zur Verwirklichung eines bestimmten Wertes - führt. In diesem Sinne kann
man versprechen, sich für den Wert der Wahrheit, der Liebe,
der Schönheit, des Genusses (oder welcher Werte immer) ein-
zusetzen. Ein solcher Wert ist immer die Maxime des Handelns
für eine <u>Gemeinschaft</u> - dies unterscheidet den Fall der
Commitments bereits rein äußerlich von dem "inneren" Ruf,
den auch ein Eremit vernehmen kann. Commitments symbolisieren daher die Fähigkeit, sich - in der Interaktion, in
der Kooperation mit anderen - für die Verwirklichung <u>ge-
meinschaftlicher</u> Werte einsetzen zu können. Diese Fähigkeit bildet sich in den Sozialisationsprozessen heraus,
bereits in den frühen Stadien in der Familie, wo es zu-

nächst darum geht, personen-geschulte Pflichten (der Mutter,
dem Vater, anderen Bezugspersonen "zuliebe") zu erfüllen, aus
denen dann allmählich a-personale Verpflichtungen gegenüber
der als verbindlich akzeptierten Ordnung werden. Diese Definition von "Commitments" bezieht sich jedoch nur auf die
- vergleichsweise - "unwichtige" (wenngleich natürlich für
das Funktionieren des Mediums unerläßliche) individuelle
Ebene. Ihre eigentliche Bedeutung gewinnen die Commitments
- wie jedes Medium - erst auf der gesellschaftlichen Ebene:
als Mechanismus des Selektionstransfers zwischen Systembereichen.

Ein relativ klares Beispiel für die Funktionen und Wirkungs-
weisen von Commitments bietet der Wissenschaftsbetrieb - als
Teil des "kulturellen Treuhandsystems". Die Organisationen
des Wissenschaftssystems - Universitäten, Forschungsinsti-
tute, Industrielabors, Versuchsanstalten usw. - treten ihrer
Funktion nach wie Banken auf, die die "individuellen Commit-
ment-Einlagen" der einzelnen Wissenschaftler als Guthaben
verwalten und im Rahmen von Forschungsprojekten investieren.
Der zentrale Wert, der den Einsatz dieser Commitments steuert, wird durch das Konzept der "wissenschaftlichen Wahrheit"
sowie des "wissenschaftlichen (Erkenntnis-)Fortschritts" definiert. Er ist damit formal dem ökonomischen Wertbegriff
("Nutzen"), dem politischen Wertbegriff ("Effektivität der
Durchsetzung von Interessen") oder dem integrativen Wertbegriff ("Solidarität der Gemeinschaftsbildungen") vergleich-
bar.

Medien sind Sondersprachen, die mit besonderen Sanktionen abgesichert sind. Betrachten wir diesen Sanktionsaspekt noch
einmal am Beispiel des Geldes - etwa anhand der kurzen For-
mel: "Zehn Mark für dieses Buch". Wenn Alter auf diesen Vorschlag Egos eingeht, so erhält er einen Geldbetrag und Ego
das gewünschte Buch. Beide können der Meinung sein, ihren
Nutzen vergrößert zu haben, der eine, weil er ein hochbe-

wertetes Gut erhalten, der andere, weil er eine Ware umgesetzt hat. Geld wirkt hier als "inducement" - als Anreiz oder eben als "positive Sanktion".

Im Fall der Commitments funktioniert das Sanktionsmuster in einer anderen Weise. Commitments symbolisieren die Fähigkeit, sich in der Interaktion für die Verwirklichung bestimmter gesellschaftlicher Wertmuster einsetzen zu können. Wenn Ego einem anderen (Alter) Commitments anbietet, um eine gemeinsame Interaktion zustande zu bringen, so stellt dies im Grunde nichts anderes als einen Appell an vermutete gemeinsame Bindungen an einen Wertkomplex dar, dem Ego und Alter in ihrer Interaktion folgen sollen - beispielsweise dem Wert der Wahrheit, wenn es um ein wissenschaftliches Forschungsprojekt geht. Weist einer der beiden den Appell an die gemeinsamen Bindungen zurück, so negiert er die Verbindlichkeit des Wertmusters und scheidet dadurch aus dem Interaktionszusammenhang sowie der ihn tragenden Gemeinschaft aus. Der Sanktionsaspekt von Commitments liegt also in gewissem Sinne ähnlich wie bei der Macht: Der Betroffene steht vor dem Problem, ob er die Selektionsofferte annehmen - kooperieren - soll oder die negativen Folgen der Verweigerung auf sich nehmen will. Aber während im Fall der Macht diese Folgen von außen her auf ihn einwirken ("Strafe"), bestehen die Folgen nicht akzeptierter Commitments (beziehungsweise des Nichteingehens auf eine mit Commitments sanktionierte Interaktionsofferte) in einem "innerlichen Schuldgefühl" - in der Scham des Versagens vor einem moralischen Gebot.

4. Es ist verhältnismäßig einfach, die Grundidee des Medienkonzeptes darzustellen; viel schwieriger ist jedoch leider, die Details der Ausarbeitung bei Parsons nachzuvollziehen. Zunächst einmal muß man jedem, der sich mit Parsons' Medientheorie beschäftigen will, dringend empfehlen, sehr gründlich das ökonomische Kreislaufmodell zu studieren. Auf

diesem Modell baut Parsons seine gesamte weitere Theorie auf.
Es ist ein erheblicher Unterschied, ob man in Analogien oder
in Metaphern spricht (so wie in diesem Text kurz zuvor gelegentlich von einem physikalischen Begriff, dem "Feldpotential", Gebrauch gemacht wurde, ohne damit irgendwelche theoretischen Ansprüche zu verbinden) oder ob man ein bestimmtes
Theoriemodell als Paradigma für die Entwicklung eines Konzeptes verwendet. Viele Referenten der Medientheorie haben
voller Eifer die ökonomischen Termini übernommen (insbesondere das Konzept der Inflation/Deflation), ohne sich über
ihre Definition allzu klar zu sein. Damit wird jedoch
Parsons' Vorstellung vom Paradigma ruiniert.

Als zweites muß man sagen, daß Parsons' Ausarbeitungen der
einzelnen Medien recht unterschiedliche Qualitäten haben.
Seine Ausarbeitung der "Macht" als dem politischen Medium
wird wohl von allen Referenten sehr gut beurteilt; den Aufsatz über "Einfluß" hingegen hat nicht einmal Parsons selbst
als befriedigend empfunden. Das mindeste, was man über die
Ausarbeitung der "Value-Commitments" sagen kann, ist, daß
dieser Beitrag theoretisch sehr schwierig ist. Noch wesentlich schwieriger wird es, wenn man den Bereich der "sozietalen Medien" verläßt und sich dem viel umfassenderen Konzept
der Medien der Aktionstheorie zuwendet.

Diese Andeutung soll darauf aufmerksam machen, daß Parsons
zwar zunächst nur vier Medien konzipiert hat, die sich auf
die Ebene von Sozialsystemen - genauer: sozietalen Systemen -
bezogen, dann aber - im Zusammenhang mit seinem zunehmenden
Interesse an der Weiterentwicklung der Allgemeinen Theorie
des Handelns (statt nur der Theorie der Sozialsysteme) -
dazu überging, die Probleme der Medientheorie auf der Ebene
der umfassenden Systemtheorie menschlichen Handelns neu zu
formulieren.

Man muß daher zwei Stufen in der Entwicklung der Medientheorie deutlich unterscheiden: Die erste Stufe besteht in der Entdeckung des ökonomischen Kreislaufmodells als dem Paradigma gesellschaftlicher "interchange-processes", die durch die vier gesellschaftlichen Medien "Geld", "Macht", "Einfluß" und "Commitments" gesteuert werden. Die zweite Stufe in der Entwicklung der Medientheorie besteht in dem Vorhaben Parsons', nach kybernetischen Mechanismen zu suchen, die auf der Ebene des allgemeinen Systems des Handelns eine - diesen zuvor erwähnten Medien - vergleichbare Funktion erfüllen. Dieses zweite Vorhaben ist wesentlich schwieriger und theoretisch noch anspruchsvoller als die erste Stufe. Leider ist Parsons selbst auch in seiner Arbeit an diesem Projekt nicht so weit gekommen, wie man es gewünscht hätte. Im wesentlichen finden wir nicht viel mehr vor als eine Skizze der vier allgemeinen handlungstheoretischen Medien sowie eine ausführliche Verwendung eines dieser Medien - Intelligenz - im Rahmen einer Untersuchung über die <u>Amerikanische Universität</u> (PARSONS/PLATT 1973). Es soll versucht werden, wenigstens eine kurze Andeutung davon zu vermitteln, in welchen Bahnen sich Parsons' Überlegungen bewegen.

Die Sozialsysteme sind eingebettet in den umfassenderen Zusammenhang der allgemeinen Systeme des Handelns. Sie bilden darin eine - ihrer Funktion nach: integrative - Teilstruktur. Die Systeme des Handelns wiederum stellen nur eine der vielen Systemstrukturen dar, aus denen sich die Lebenswelt des Menschen insgesamt aufbaut (vgl. "Paradigm of the Human Condition" 1978). Die bislang betrachteten Medien - Geld, Macht, Einfluß und Commitments - bezogen sich also nur auf einen funktional sehr eng bestimmten Ausschnitt, der freilich für die soziologische Theorie ganz zentral ist.

Wenn man diese soziologische Ebene im engeren Sinne verläßt und auf die Ebene der Allgemeinen Handlungstheorie übergeht, so muß man zunächst die Fragestellung des Medienkonzeptes überprüfen: Welche Bedeutung kann das Medienkonzept auf dieser allgemeinen Ebene der Handlungstheorie haben?

Die methodologische Grundidee der Medien bezieht sich auf das Problem von Differenzierung einerseits, Integration andererseits. Systembildung kann nicht ausschließlich als Prozeß der <u>Differenzierung</u> interpretiert werden, auch wenn das Prinzip der analytischen Zerlegung dabei eine so immens wichtige Rolle spielt. Dem Prinzip der Differenzierung steht auf der anderen Seite das genauso wichtige Prinzip der Integration gegenüber - es wäre sonst ausgeschlossen, das Ganze - das System als Einheit - wieder in den Griff zu bekommen. Die Theorie der Interaktionsmedien bildet - zunächst auf der Ebene der Sozialsysteme - eines der wichtigsten Elemente für die Systematisierung von integrativen Prozessen in differenzierten Systemen.

Dieser Gedanke läßt sich von der Ebene der Sozialsysteme ohne weiteres auf die allgemeine Ebene der Handlungssysteme übertragen. Auch hier entsteht dasselbe Problem: Wie lassen sich die Prozesse zwischen dem organischen Verhaltenssystem, dem psychischen Motivationssystem, dem sozialen Interaktionssystem und dem normativen Kultursystem im konkreten Handeln vermitteln - wie wird der Selektionstransfer gesteuert?

Formal bestand die Lösung für dieses Problem in der Skizzierung von vier Aktionsmedien mit den Termini "intelligence", "performance-capacity", "affect" und "definition of the situation". Eine erste Darstellung dieser Konzeption lieferte Parsons 1970 in einem Aufsatz über "Some Problems of General Theory in Sociology" (wiederabgedruckt in SS/AT: 229 ff.). Dabei wird "Intelligenz" dem organischen Verhaltenssystem zugerechnet; "performance-capacity" dem Persönlichkeitssystem; "Affekt" dem Sozialsystem und "Definition of the Situation" dem Kultursystem. Eine ausführliche Analyse dieser Medien wurde leider in der Folgezeit nie unter-

nommen - es gibt für diesen Bereich der Aktionsmedien keine
ähnlich richtungsweisenden Aufsätze wie über "Macht" und
"Einfluß". 1973 erschien jedoch eine ausführliche Analyse
des "kognitiven Komplexes" in Gestalt eines Buches über die
Amerikanische Universität. Darin wurde intensiv von den
Medien Gebrauch gemacht - nicht nur von den schon eingeführten sozietalen Interaktionsmedien, sondern vor allem auch
von einem der "neuen" Medien - nämlich vom Konzept der Intelligenz. Trotz des intellektuellen Vergnügens, das jeder
Parsons-Anhänger an dieser spannenden Analyse des kognitiven
Komplexes empfinden wird, ist die Medienkomponente dieser
Theorie unbefriedigend: Sie bleibt im Stadium eines Verspre-
chens, das sie deswegen nicht verläßt, weil es an einer
systematischen Ausarbeitung fehlt.

Diese Kennzeichnung gilt erst recht, wenn man - über die
beiden bislang betrachteten Ebenen hinaus, nämlich

a) die der Sozialsysteme und
b) die der Allgemeinen Handlungssysteme -

nach der allgemeinen Theorie der symbolischen Medien fragt.
Parsons selbst hat angedeutet, daß die vorhandenen Medien
prinzipiell als Elemente einer solchen ganz umfassenden
Theorie angesehen werden müßten - einer Theorie, die das
Konzept der Medien nicht nur auf den beiden schon genannten Ebenen, sondern auf allen Ebenen Parsonsscher Systembildungen verwenden würde. Dies bedeutet, daß es auch Medien
innerhalb der Verhaltenssysteme, der Persönlichkeitssysteme
und der Kultursysteme geben müßte. Darüber hinaus hat Parsons
schließlich auch noch damit begonnen, Medien für die umfassende Lebenswelt des Menschen - die nicht nur die Handlungs-
ebene, sondern auch die kybernetisch vor- und nachgeordne-
ten Ebenen umfaßt - zu konzipieren (vgl. den Aufsatz über
die "Human Condition" in AT/HC, insbesondere S. 392 ff.).
Freilich bleiben diese Anregungen im wesentlichen nur pro-
grammatisch - es ist eine vollkommen offene Frage, ob und
wie dieses Programm je weitergeführt werden wird.

Es ist zu vermuten - zu befürchten -, daß Parsons' Theorie
nicht auf dem höchstmöglichen Niveau erhalten und fortge-
führt werden wird, sondern auf dem gemeinsamen Nenner des
allgemeinen Wissens. Bereits die ersten vorsichtigen Stel-
lungnahmen nach dem Tode Parsons', die sich mit der Zukunft
seines Theorieprogramms auseinandersetzen, deuten dies an.
Als Anhänger Parsons' wird man daran verzweifeln, die verfügbaren Einsichten Parsons' zu retten, bevor sein Werk, von
der breiten Mittelmäßigkeit der Kritik unterspült, im öffent-
lichen Bewußtsein zusammenfällt zu einem Konglomerat einiger
Vierfelder-Schematismen. Mit dem Ende der Ära Parsons' haben
wir erneut eine Periode flacher theorieloser Zeit vor uns.
Auf dieser planen   Geistesebene mag sich dann jeder Kathe-
derkrümel als Geistesriese fühlen, der Parsons beckmessern
kann. Vor uns liegt der lange Abschied von Parsons...

Anmerkungen

1) In die Mathematik wurde der Funktionsbegriff durch
   Leibniz sowie die Gebrüder (Jakob und Johann) Bernoulli
   eingeführt. Zuvor hatte er im allgemeinen Sprachgebrauch
   die Bedeutung von "Amt" und "Amtsverwaltung", die in der
   politischen Tradition erhalten blieb (vgl. Vollständiges
   politisches Taschenwörterbuch - Ein Handbuch zur leich-
   ten Verständigung in der Politik usw.; Leipzig (Ferd.
   Sechtling) 1849; Nachdruck Düsseldorf (Bertelsmann)
   1972). Auf die philosophische Entwicklung des Begriffs
   hatte vor allem Kant wesentlichen Einfluß, aber erst
   Ernst Mach und Ernst Cassirer benutzten diesen Begriff
   ganz zentral in einer kritischen Wendung gegen das kau-
   sale Denken und die aristotelische Logik sowie den darin
   dominierenden Substanzbegriff (CASSIRER 1910).

   Eine ausführliche Darstellung liefert beispielsweise
   Günther Schmidt: Funktionsanalyse und politische Theorie,
   Düsseldorf (Bertelsmann) 1974. Sehr lesenswert ist wei-
   terhin die Aufsatzsammlung von Damerath, N. J. und R. A.
   Peterson (Hg.): System, Change and Conflict. A Reader in
   Contemporary Sociological Theory and the Debate over
   Functionalism. New York 1967. Als weitere Quelle wären
   schließlich zwei Bücher von W. Buckley zu nennen: Soci-
   ology and Modern Systems Theory. Englewood Cliffs, New
   Jersey, 1967; sowie Modern Systems Research for the
   Behavioral Scientist. A Sourcebook. Chicago 1968.

2) Vgl. dazu beispielsweise das Lehrbuch von Paul A. Samuel-
   son: Volkswirtschaftslehre, Bd. II, Teil VI, Kapitel 35
   und 36. Köln (Bund-Verlag) 1965.

3) Die überragende Bedeutung der Gedanken Keynes' liegt
   - läßt man einmal die Details seiner Analysen außer Acht -
   in folgendem: Für die klassische Wirtschaftstheorie erschien eine Totalstörung der wirtschaftlichen Abläufe
   nicht vorstellbar - sie wurde daher auch nicht thematisiert. Störungen, die trotz der unterstellten Fähigkeiten
   der Preisbildungsprozesse auf freien Märkten einen allgemeinen Ausgleich der Interessen und damit eine allgemeine
   Anpassung der Leistungen verhinderten, mußten notwendig
   von Kräften außerhalb der Wirtschaft (also politischen
   oder sonstigen Kräften) herrühren. Es waren - vor Keynes -
   lediglich die Marxisten, die die gesamten makro-ökonomi-
   schen Zustände und sozio-ökonomischen Zusammenhänge in
   einem Guß zu sehen vermochten und deren innere Spannungen zum Gegenstand theoretischen Räsonnierens machten.

   In diesem Lichte betrachtet liegt die große Leistung
   Keynes' darin, die heftigen Erschütterungen der Welt-
   wirtschaftskrise und das Versagen der Theorie, die an
   "Selbstheilung" glaubte, durch eine kritische Diskussion der Denkformen der klassischen Theorie in zwingen-

der Weise zu thematisieren. Wie man weiß, erschien das
berühmte Buch A Treatise on Money im Jahre 1930; es ent-
hielt eine Abkehr von all den Gedanken, die seit J. B.
Say die klassische Makro-Ökonomie bestimmt hatten.

4) Alfred Marshall, Vilfredo Pareto, Emile Durkheim und Max
Weber; zum Fehlen Sigmund Freuds vgl. Parsons' Bermerkung
im Vorwort zur 2. Aufl., 1964.

5) Solange man diese Aussage als schlichte Wiederholung unserer naiven Alltagsauffassung versteht und daraus keine
philosophischen Folgerungen zieht, ist alles in Ordnung.
Verwirrungen entstehen jedoch dann, wenn man dieser All-
tagswirklichkeit - der Lebenswelt - irgendwelche besonderen wissenschafts- oder erkenntnistheoretischen Qualitäten zuschreiben will. Beispielsweise wird oft die These
vertreten, alle Erkenntnis müsse "aus der Erfahrung stam-
men", mit "der Wirklichkeit übereinstimmen" oder "im Leben
gründen" und dergleichen mehr - Unsinn! (vgl. FEYERABEND
1963, 1975 und 1978). Für die Wissenschaft kommt es nicht
auf die Quelle einer Behauptung an, sondern auf ihre Begründung (STEGMÜLLER 1969a). "Weil es aus der Wirklichkeit stammt, muß es wahr sein", ist formal dieselbe Konstruktion wie der Satz: "Weil mein Vater es gesagt, muß
es wahr sein." Während der erste Satz vernünftig zu sein
scheint, ist der zweite erkennbar naiv, und erst der folgende dritte Satz ist von erbaulicher Überzeugungskraft:
"Weil es von Gott kommt, muß es wahr sein." So viel zum
erkenntnistheoretischen Primat der Wirklichkeit als Quelle
der Erkenntnis.

6) Man muß, um den von Lidz verwendeten Ausdruck "emergent"
mit seiner angelsächsischen Konnotation und seinen philosophischen Anklängen zu verstehen, an die neuere Emergenz-
philosophie denken, wie sie etwa von P. Oppenheim, Hilary
Putnam u.a. vertreten wird - also eine Form des metaphy-
sischen Evolutionismus, der nicht wie frühere mechanistische, vitalistische und sonstige Entstehungstheorien von
einem Stufenschema o.ä. ausgeht, sondern die höheren Ent-
wicklungsformen als "neue Qualitäten" versteht.

7) Im Originaltext (WP: 180) ist die Kennzeichnung der
Phase G durch einen Druckfehler entstellt; der Leser
darf sich dadurch nicht irritieren lassen. Man vergleiche
auch das Schema auf S. 182, um den Fehler korrigieren zu
können (lies "gratification" statt "integration").

8) Der Begriff der "ausgezeichneten Zustandseigenschaft" gehört in die Theorie von Systemen mit zielgerichteter Organisation (ZO-Systeme). Eine erste Einführung bietet
Jensen 1970. Für eine grundlegende Darstellung vgl. Stegmüller 1969a.

9) Diese Arbeit entstand in enger Zusammenarbeit mit René
   Fox und Victor M. Lidz sowie Harold Bershady und Willy
   de Craemer. Sie ist gewidmet seinen Seminarkollegen des
   Faculty Seminar on the Human Condition, University of
   Pennsylvania, 1974-1976. Der Titel selbst bezieht sich
   auf ein Buch von André Malraux, La Condition Humaine.
   Es wäre zu überlegen, ob man diesen Ausdruck in der Übersetzung nicht am besten als "conditio humana" beläßt. Ich
   habe mich jedoch entschlossen, ausdrücklich einen Begriff
   von Husserl und Schütz aufzunehmen - den Begriff der "Lebenswelt", der, so meine ich, Parsons' Vorstellung vollkommen gerecht wird.

10) Diese sogenannte "Monographie" - dies ist der Ausdruck,
    den Parsons regelmäßig verwendet - ist Teil 2 von
    Towards a General Theory of Action (TGTA).

11) Unter dem Begriff der "zulässigen Spezialisierung" ist
    zu verstehen, daß die Werte der Zustandsvariablen nicht
    beliebig sein dürfen, sondern bestimmten Klassen ange-
    hören müssen, die durch die Art des Systems bestimmt
    sind. Denken wir beispielsweise an die Einheiten eines
    Thermometers!

12) Vgl. Georg Klaus, Wörterbuch der Kybernetik, Frankfurt
    1969. Niklas Luhmann gibt folgende Definition: "Unter
    Komplexität soll hier und im folgenden die Gesamtheit
    der Möglichkeiten des Erlebens und Handelns verstanden
    werden, deren Aktualisierung ein Gesamtzusammenhang zu-
    läßt..." (1972: 31 et pass., mit Literaturhinweisen im
    Index; vgl. auch Luhmann 1970: 116 et pass.)

13) Parsons bezieht sich hier auf den Beitrag von Lidz/Lidz
    in der sogenannten "Parsons-Festschrift" von LOUBSER
    et al. (1976) unter dem Titel "The Psychology of In-
    telligence of Jean Piaget and Its Place in the Theory
    of Action", Bd. 1, Kap. 8.

14) Essays in Sociological Theory Pure and Applied, 1949
    (Revised Edition 1954); Structure and Process in Modern
    Society, 1960; Social Structure and Personality, 1964;
    Sociological Theory and Modern Society, 1967; Politics
    and Social Structure, 1969; Social Systems and the
    Evolution of Action Theory, 1977; Action Theory and the
    Human Condition, 1978.

15) Vgl. die Beiträge dazu von LUHMANN 1977, JENSEN 1978,
    MÜNCH 1980.

16) Eine ausführliche Analyse von Ungleichgewichten und
    Disparitäten der Sozialstruktur findet sich in JENSEN
    et al., <u>Possible Futures of European Education</u>, The
    Hague, 1972. Eine deutsche Ausgabe mit etwas veränder-
    tem Inhalt erschien 1973 (JENSEN 1973), vgl. dort ins-
    besondere S. 67 ff.

Literaturverzeichnis

1.   TALCOTT PARSONS

1937   The Structure of Social Action. SA. New York
         (McGraw-Hill).

1949   Essays in Sociological Theory Pure and Applied.
         New York (Free Press). Revised Edition 1954.
         Deutsche Ausgabe der revidierten Fassung er-
         schien als Soziologische Theorie, Neuwied
         (Luchterhand) 1964.

1951   Toward A General Theory of Action. TGTA. (Zu-
         sammen mit Edward A. Shils et al.) Cambridge,
         Mass. (Harvard University Press).

1951   The Social System. SS. Glencoe, Ill. (Free
         Press).

1953   Working Papers in the Theory of Action. WP.
         (Zusammen mit Robert F. Bales und Edward A.
         Shils.) Glencoe, Ill. (Free Press).

1956   Economy and Society. ES. (Zusammen mit Neil
         J. Smelser.) London (Routledge & Kegan Paul)
         und New York (Free Press).

1959   "An Approach to Psychological Theory in Terms
         of the Theory of Action". In: Koch, S. (Hg.):
         Psychology: A Study of a Science. New York
         (McGraw-Hill), Bd. 3, S. 612-711.

1960   "Pattern-Variables Revisited: A Response to
         Professor Dubin's Stimulus". American Socio-
         logical Review 25, 1960: 467-483.

1961   Theories of Societies. (2 Bde., Mitherausgeber:
         E. A. Shils, Kaspar D. Naegele und Jesse R.
         Pitts.) New York (Free Press).

1966   Societies: Evolutionary and Comparative Perspec-
         tives. Englewood Cliffs (Prentice Hall).
         Deutsche Fassung Gesellschaften. Frankfurt
         (Suhrkamp) 1975.

1971   The System of Modern Societies. Englewood Cliffs
         (Prentice Hall). Nachfolgeband des Buches von
         1966.
         Deutsche Fassung Das System der modernen Gesell-
         schaften. München (Juventa) 1972.

1973   <u>The American University</u>. AU. (Zusammen mit Gerald
           M. Platt.) Cambridge, Mass. (Harvard University
           Press).

1977   <u>Social Systems and the Evolution of Action Theory</u>.
           SS/AT. New York (Free Press).

1978   <u>Action Theory and the Human Condition</u>. AT/HC.
           New York (Free Press).
           Dieser Band enthält ein vollständiges Verzeichnis
           aller Veröffentlichungen Parsons'.

2.   ANDERE AUTOREN

ASHBY, W. R. 1961   <u>An Introduction to Cybernetics</u>.
                           London.

ders. 1964   "The Set Theory of Mechanisms and
                           Homeostasis". In: <u>General Systems</u>
                           IX, 1964: 83-97.

BALES, R. F. 1949   <u>Interaction Process Analysis: A</u>
                           <u>Method for the Study of Small</u>
                           <u>Groups</u>. Reading, Mass. (Addison-
                           Wesley).

CASSIRER, E. 1910   <u>Substanzbegriff und Funktionsbegriff</u>.
                           Untersuchungen über die Grundfragen
                           der Erkenntniskritik. Berlin.

DAHRENDORF, R. 1968   <u>Die angewandte Aufklärung</u>.
                           Frankfurt (Fischer).

FEYERABEND, P. K. 1963   "How to Be a Good Empiricist - A
                           Plea for Tolerance in Matters
                           Epistemological". In: Baumrin, B.
                           (Hg.): <u>Philosophy of Science</u>, Bd. II,
                           New York.
                           Deutsch in: L. Krüger (Hg.): <u>Er-</u>
                           <u>kenntnisprobleme der Naturwissen-</u>
                           <u>schaften</u>. Köln und Berlin (Kiepen-
                           heuer & Witsch) 1970: 302-335.

ders. 1975   <u>Wider den Methodenzwang</u>. Eine anar-
                           <u>chistische Erkenntnistheorie</u>.
                           Frankfurt (Suhrkamp).

ders. 1978   <u>Der wissenschaftstheoretische Rea-</u>
                           <u>lismus und die Autorität der Wis-</u>
                           <u>senschaften</u>. Braunschweig (Vieweg).

GOULDNER, A. 1974 — Die westliche Soziologie in der Krise. 2 Bde., Reinbek (Rowohlt/ rde 360/361).

GRINKER, R. 1967 — Toward a Unified Theory of Human Behavior. An Introduction to General System Theory. New York und London.

HABERMAS, J., und LUHMANN, N. 1971 — Theorie der Gesellschaft oder Sozialtechnologie. Frankfurt (Suhrkamp).

HÄNDLE, F., und JENSEN, S. — Systemtheorie und Systemtechnik. München (Nymphenburg).

HELLE, H. J. 1977 — Verstehende Soziologie und Theorie der Symbolischen Interaktion. Stuttgart (Teubner).

HEMPEL, C. G. 1974 — Philosophie der Naturwissenschaften. München (DTV).

HENDERSON, L. J. 1913 — The Fitness of Environment: An Inquiry into the Biological Significance of the Properties of Matter. New York (McMillan).

ders. 1917 — The Order of Nature: An Essay. Cambridge, Mass. (Harvard University Press).

HÜBNER, K. — "Theorie und Empirie". Philosophie Neutralis X, 2, 1968: 198-210.

JENSEN, S. 1970 — Bildungsplanung als Systemtheorie. Bielefeld (Bertelsmann).

ders. 1971 — Possible Futures of European Education. (Zusammen mit D. Berstecher, K. Hüfner, J. Naumann und E. Schmitz.) Den Haag (Martinus Nijhof).

ders. 1973 — Deutsche Fassung: Über die Zukunft des europäischen Bildungswesens. Frankfurt, Berlin, München (Diesterweg).

ders. 1976 — Talcott Parsons - Zur Theorie sozialer Systeme. Opladen (Westdeutscher Verlag).

JENSEN, S. 1978

"Interpenetration - Zum Verhältnis personaler und sozialer Systeme". Zeitschrift für Soziologie, Jg. 7, H. 2, 1978: 116-129.

ders. 1980

Talcott Parsons - Zur Theorie der sozialen Interaktionsmedien. Opladen (Westdeutscher Verlag).

JENSEN, S. und NAUMANN, J. 1980

"Commitments - Medienkomponenten einer ökonomischen Kulturtheorie?" Zeitschrift für Soziologie, Jg. 9, H. 1, 1980: 79- ;9.

JONAS, F. 1968/69

Geschichte der Soziologie. 4 Bde., Reinbek (Rowohlt/rde).

KOLAKOWSKI, L. 1971

Die Philosophie des Positivismus. München (Piper).

LOUBSER, J. 1976

Explorations in General Theory in Social Science. Essays in Honor of Talcott Parsons. (Zusammen mit R. Baum, A. Effrat und V. M. Lidz (Hg.).) New York (Free Press).

LUHMANN, N. 1970 und 1975a

Soziologische Aufklärung I und II. Köln, Opladen (Westdeutscher Verlag).

ders. 1972

Rechtssoziologie. 2 Bde., Reinbek (Rowohlt).

ders. 1975b

Macht. Stuttgart (Enke).

ders. 1977

"Interpenetration. Zum Verhältnis personaler und sozialer Systeme". Zeitschrift für Soziologie, Jg. 6, H. 2, 1977: 62-76.

ders. 1978

"Handlungstheorie und Systemtheorie". Kölner Zeitschrift für Soziologie, Jg. 30, H. 1, 1978: 211-228.

MARCUSE, L. 1959

Amerikanisches Philosophieren. Pragmatisten, Polytheisten, Tragiker. Hamburg (Rowohlt).

MAYR, E. 1974 "Teleological and Teleonomic: A New Analysis". In: Wartovsky, M. (Hg.): Methods and Metaphysics: Methodological and Historical Essays in the Natural and Social Sciences. Leiden (Brill) 1974: 78-104.

MERTON, R. K. 1957 Social Theory and Social Structure. Revised and Enlarged Edition. New York (Free Press).

MILLER, J. G. 1971 "The Nature of Living Systems". Behavioral Science, Bd. 16, Ann Arbor, Michigan. Wiederabdruck in: Händle/Jensen 1974: 62-86.

ders. 1972 Living Systems. New York (Anchor Books).

MÜNCH, R. 1980 "Über Parsons zu Weber: Von der Theorie der Rationalisierung zur Theorie der Interpenetration". Zeitschrift für Soziologie, Jg. 9, H. 1, 1980, 18-53.

NAGEL, E. 1951 "Mechanistic Explanation and Organismic Biology". Philosophical and Phenomenological Research 9.

ders. 1953 "Teleological Explanation and Teleological Systems". In: Feigl, H., und Brodbeck, M. (Hg.): Readings in the Philosophy of Science, New York 1953: 537-587.

ders. 1956 "A Formalization of Functionalism with Special Reference to its Application in Social Science". In: Nagel, E.: Logic without Metaphysics. New York 1956: 247-283.

ders. 1961 The Structure of Science. Problems in the Logic of Scientific Explanation. London.

ORNSTEIN, R. 1976 Die Psychologie des Bewußtseins. Frankfurt (Fischer).

REICHENBACH, H. 1928 Philosophie der Raum-Zeit-Lehre. Berlin und Leipzig.

RUDNER, R. S. 1966   Philosophy of Social Science.
                       Englewood Cliffs, N.J. (Prentice
                       Hall).

SCHNÄDELBACH, H. 1971 Erfahrung, Begründung und Reflexion.
                       Versuch über den Positivismus.
                       Frankfurt (Suhrkamp).

STACHOWIAK, H. 1965   Denken und Erkennen im kyberneti-
                       schen Modell. Wien und New York
                       (Springer).

ders. 1973   Allgemeine Modelltheorie. Wien und
                       New York (Springer).

STEGMÜLLER, W. 1961   "Einige Beiträge zum Problem der
                       Teleologie und der Analyse von
                       Systemen mit zielgerichteter Or-
                       ganisation". Synthese 13 (1961/1:
                       5-40).

ders. 1969a   Metaphysik, Skepsis, Wissenschaft.
                       2., verbesserte Auflage. Berlin,
                       Heidelberg, New York (Springer).

ders. 1969b   "Teleologie, Funktionsanalyse und
                       Selbstregulation". In: Probleme
                       und Resultate der Wissenschafts-
                       theorie und Analytischen Philo-
                       sophie, Bd. I: Wissenschaftliche
                       Erklärung und Begründung, Kapi-
                       tel VIII, S. 518-585. Berlin,
                       Heidelberg, New York (Springer).

ders. 1970   "Von der Qualität zur Quantität.
                       Intuitiv-konstruktive Theorie
                       der wissenschaftlichen Begriffs-
                       formen". In: Probleme und Resul-
                       tate der Wissenschaftstheorie
                       und Analytischen Philosophie,
                       Bd. II: Theorie und Erfahrung,
                       Kapitel I, S. 1-109. Berlin,
                       Heidelberg, New York (Springer).

Studienskripten zur Soziologie

31 E.Erbslöh, Interview
    (Techniken der Datensammlung, Bd. 1)
    119 Seiten, DM 9,80

32 K.-W.Grümer, Beobachtung
    (Techniken der Datensammlung, Bd. 2)
    290 Seiten, DM 15,80

35 M.Küchler, Multivariate Analyseverfahren
    262 Seiten, DM 16,80

37 E.Zimmermann, Das Experiment
    in den Sozialwissenschaften
    308 Seiten, DM 15,80

38 F.Böltken, Auswahlverfahren
    Eine Einführung für Sozialwissenschaftler
    407 Seiten, DM 17,80

39 H.J.Hummell, Probleme der
    Mehrebenenanalyse
    160 Seiten, DM 10,80

41 Th.Harder, Dynamische Modelle
    in der empirischen Sozialforschung
    120 Seiten, DM 9,80

42 W.Sodeur, Empirische Verfahren zur
    Klassifikation
    183 Seiten, DM 10,80

44 H.-D.Schneider, Kleingruppenforschung
    351 Seiten, DM 16,80

45 H.J.Helle, Verstehende Soziologie und
    Theorie der Symbolischen Interaktion
    207 Seiten, DM 12,80

48 S.Jensen, Talcott Parsons
    Eine Einführung
    204 Seiten, DM 14,80

Weitere Bände in Vorbereitung

Preisänderungen vorbehalten